KB158878

الطعام الكوري التقليدي

한국전통 향토음식

국립농업과학원 지음

21세기사

مقدمة

الأطعمة الكورية تعتمد على الخضروات بشكل رئيسي في الطبخ، وكثير من الأطعمة الكورية أطعمة متخمرة تساعد في الحفاظ على الصحة، وانسجام الألوان الخمسة والأذواق الخمسة تعطي نكهة ساحرة. وبذلك نكون أعددنا سفرة صحية وبسيطة . ولقد اعتبر الكوريون وجبات الاطعمة كالعلاج لاجل الاهتمام بالحياة الصحية . لذلك الاطعمة الكورية تعطي مثالا للوجبات المثالية في المستقبل.

ومنذ أقدم العصور استخدم الكوريون ما تنتجه منطقتهم من مواد الأطعمة في الطبخ ، وهي ترتبط بمقولة "شين تو بول إي" (الجسم والأرض ليسا مختلفين)، ولذلك أُشتهرت كل منطقة بأطباق شعبية خاصة بها. وتوجد جبال كثيرة في الإقليم الشمالي الشرقي، حقول واسعة في الإقليم الجنوبي الغربي، وكذلك المناطق البحرية التي تتضمن الشواطئ والجزر. وفي هذه المناطق يتم توارث طبخ الأطعمة وثقافتها باشكال متشابهة ومختلفة في الوقت نفسه من جيل لآخر.

لذلك اخترنا وعرضنا في هذا الكتاب مئة طبخة من الاطعمة الشعبية الكورية من التسع محافظات.
ووضعنا فيه طريقة الطبخ والإشارات اللازمة والصور عن الأطعمة المصنفة والمشهورة لكل منطقة لكي يتمكن القارئ من طهي الأطباق الشعبية الكورية.
ونتمنى من خلال مذاق الأطعمة الشعبية الكورية المتنوعة التعرف على جمال الطبيعة الكورية والثقافة الكورية.

قسم الأغذية الكورية التقليدية

المعهد الوطني للعلوم الزراعية
هيئة التنمية الريفية

وجبة كُنَيب بوكاك (طبق أوراق نبات السمسم المقلية)

حلويات موياكوا (طبق حلويات معدة بالعسل)

حلويات سينغ كانغ جونغ كوا (طبق الزنجبيل المُحلى)

حلويات دودوك سامبيونغ (طبق حلويات الدودوك بالسمسم)

7 محافظة كيونغ سانغ بوك دو

وجبة تيكو بيبيمباب (طبق أرز مسلوق على البخار مع سلطعون)

وجبة جوباب (طبق أرز بحبات الدُخن - نبات الجاورس)

وجبة يوكگي جانغ بطريقة مدينة تيكو (طبق لحم البقرالمتبل والمطهي على البخار)١

وجبة دوبو سانغ تشي (طبق سلطة خثارة الفول)

وجبة كاجامي جوريم (ميجوكوري جوريم ، مولكاجامي جوريم ، طبق سمك موسى بالخضار) .

وجبة جابان كوديونغو جيم (طبق سمك الإسْقُمري المطهي على البخار)

وجبة يوكواك (طبق المحار وقواقعه المحشية بالخضار)

كعكة كام كيونغ دان (طبق كرات كعك معدة من الأرز وثمار البرسيمون)

كعكة هونغسي توك (سانغجو سولكي ، كام سولكي ، طبق كعكة الأرز بثمار البرسيمون الطرية)

حلويات ديتشو جينجزو (طبق حلويات ثمار العناب المطهية على البخار)

حلويات سيوب سان سام (طبق حلويات الدودوك المقلية)

شراب سوك كامجو (شراب حلو المذاق معد من الأرز)

8 محافظة كيونغ سانغ نام دو

وجبة جينجو بيبيمباب (طبق البيبيمباب على طريقة مدينة جينجو)

وجبة تشونغ مو كيمباب (موتشي كيمباب ، طبق ملفوف بأوراق أعشاب اللافر البحرية)

وجبة ماجوك (طبق عصيدة معد من اليام)

وجبة جين جو نينغ ميون (طبق معكرونة الحنطة السوداء البارد المعد بطريقة مدينة جين جو)

وجبة زيتشوب كوك (طبق شروبة المحار)

وجبة بوسان جابشي (طبق المعكرونة مع البطاطا المقلية والخضار)

وجبة أونيانغ بلكوكي (طبق البلكوكي المعد بطريقة مدينة أونيانغ)

وجبة ميناري جون (طبق أعشاب الورت المقلية)

حلويات دوراجي جونغ كوا (طبق حلويات زهرة الجريس)

حلويات مو جونغ كوا (طبق حلويات معدة بالفجل)

حلويات يون كون جونغ كوا (طبق حلويات معدة بجذور اللوتس)

9 محافظة تشي جو دو

وجبة ميمل كوكوما بومبوك

(كامجاي بومبوك أو نونجانغي بومبوك ، طبق عصيدة البطاطا الحلوة مع الحنطة السوداء)١

وجبة يوتشاي نامول ميوتشيم (جيريوم نامول ميوتشيم ، طبق اللفت المتبل)

وجبة أوروك كونغ جوريم (أوروك كونغ جيجيم ، طبق السمك الصخري بفول الصويا)

معجنات بينغ توك (مونغ سوك توك ، جانغكي توك ، جونكي توك ، طبق معجنات معدة من الأرز المحشية بالخضار)٢

مشروب سيرومي تشا (مشروب الشاي المعد من ثمار شجيرة الحجرية السوداء الثمر - ثمرعليقي أسود الثمار)

المحتويات

| تصنيف الطعام الكوري

|| الطعام الكوري التقليدي

الفصل الأول

الأطباق الكورية الرئيسية

النوع	التعريف
1. باب	الحبوب المسلوقة مثل طبخ الأرز وإضافة الماء 1.2~1.5 إلى الأرز ثم تسخينه حتى زيادة حجمه ولزوجته. وطهي الخضروات، أو المأكولات البحرية أو اللحوم ...الخ
2. جوك (أطباق العصيدة)	هو عبارة عن طعام سهل الهضم ويكون ذلك بوضع الماء 6~7 أضعاف إلى الشعير أو الأرز أو الدخن وسلقه لفترة طويلة حتى تذوب الحبوب. ويمكن ذلك بطبخ الأرز فقط أو الأرز مع الحبوب، الجوز، الخضروات، اللحوم، السمك، الصدف، أوالأعشاب الطبية في بعض الأحيان
3. أطعمة متنوعة	**مِئم** عبارة أكلة صحية سهلة الهضم وذلك بإضافة الماء 10أضعاف الحبوب وسلقه ثم نخله وشرب مرقة الحبوب المنخولة. **بوم بوك** الطعام الذي يكون القرع والذرة والبطاطس بشكل رئيسي مع إضافة اللوبيا وطهيها معاً. **انغ إي** عبارة عن من ال(جوك) ولكن يتم إضافة بعض الحبوب ثم طحنها وسحقها ثم طبخها وقد تخلط مع عصير اوميجا(نوع من الفاكهة) حسب الطلب
4. أطباق المعكرونة ، وطبق سيوجبي (رقائق عجين بالحساء)	عبارة عن مكرونه مكونه من دقيق البطاطس أوالحنطة السوداء وطبخها في المرقة مع تبهيره سيوجبي طعام شبيه للكوك سو لكن يكون أرطب منه وذلك بتقطيع عجينة الحنطة إلى شرائح وطبخها مع مرقة اللحم أو سمك البلم.
5. معجنات محشية باللحم	عبارة عن عجينة الطحين أو الحنطة أو بواسطة أوراق الخضار أو شرائح السمك الرقيقة وحشوها بلحم البقر ، الدجاج، خثارة فول الصويا ثم طبخها اما بسلقها في الماء أو عن طريق البخار أو بالقلى، أو سلقها بالمرق.
6. حساء التوك	حساء التوك طبخ دقيق الأرز بالبخار ومن ثم دقه وتقطيعه بعد ذلك بشكل تدريجي قطعاً صغيرة وبعد ذلك سلقه في المرق حيث كان يستخدم لحم الحجل اما الآن فيستخدم لحم البقر أو الدجاج أو المأكولات البحرية مثل سمك البلم والمحار على حسب المنطقة. وفي النهاية يتم وضع اللحم المقلي وطبخ بيض مقلي وتقطيعه إلى شرائح مع البصل الأخضر ورشه على الحساء للزينة
7. أنواع أخرى	تحوي الاطعمة الكورية على جميع الأصناف ولكن لا تحتوي على جميع الأنواع.

2

الأطباق الكورية الجانبية

النوع	التعريف
1. الحساء والشوربة	عبارة عن مرق يتم فيه طبخ اللحوم، الأسماك مع الأصداف، الخضروات، والأعشاب البحرية. **الحساء الصافي** وضع صلصة الصويا في الماء أو وضعها على مرق من صدر البقر وبعد غليانها يتم إضافة لحم البقر، أو الأعشاب البحرية أو الأسماك مع الأصداف. **حساء تو جانغ** وضع صلصة الصويا أو الفلفل الأحمر إلى الأرز بعد تنقيعه بالماء ثم سلقه مع لحم البقر أو الأعشاب البحرية أو الأسماك مع الأصداف. **حساء كوم (حساء العظام)** سلق الأجزاء المختلفة من اللحوم أو العظام لفترة طويلة وتمليح المرق. **حساء بارد** تبريد الماء المغلي بعد غليانه ووضع الخل الأسود الخاص بالمرق ومن ثم وضع الأعشاب البحرية أو السمك نيا دون طبخه.
2. الكسرولة الساخنة	**تشي كيه عبارة** عن حساء يتم وضع الطعام فيه والماء بنفس النسبة. ويتم تقسيم الكسرولة الساخنة على حسب نوع الصلصة (صلصة الصويا، صلصة الفلفل الأحمر، صلصة عصير السمك المملوح) **جون كول** سلق اللحم أو الأسماك مع الصدف أو الخضروات بغمر مرق اللحم ويتم طهي ذلك على مائدة الأكل مباشرة.
3. كمتشي	عبارة عن تمليح الخضروات والأعشاب البحرية ومن ثم الفلفل الأحمر المطحون والبصل الأخضر المقطع ومن ثم إضافة الثوم المهروس والزنجبيل..الخ وغالباً يضاف أيضاً السمك اللملوح. ثم يتم تخميرها. وقسّم الكمتشي على نوع الخضرة المستخدمة كورق الخظروات (الخس) أو جذور الخضروات (الفجل). أو ثمار الخضروات(الخيار). أو الأعشاب البحرية.
4. أطباق السلطة (نامول)	**سلطة سينغ تشي (الطازجة)** يتم تمليح الخضروات وتتبيلها. **سلطة سوك تشيه (المطبوخة)** عبارة عن قلي الخضروات أو سلقها لفترة قصيرة ومن ثم تتبيلها. **أخرى** اذا كان هناك أنواع أخرى من السلط غيرالنوعين السابق ذكرهما فيطلق عليها سلطة (نامول).
5. الأطعمة المشوية	كوإي : عبارة عن مشويات يتم تتبيل أو تمليح اللحوم أو الأسماك أو الأصداف أو الخضروات مثل «دودوك» (من جذور الخضروات) ومن ثم تطبخ على النار.
6. المطهية ببطء والمقلية	**جوريم** يكون تتبيل الإعداد قوياً وبكثرة. ومن ثم سلقها على النار الخفيفة لفترة طويلة حتى يتشرب اللحم نكهة التتبيل. ويتم تتبيلها بالخل الأسود غالباً واكن إذا كان لون السمك أحمر ورائحته قوية فتكون تتبيلها بخلط صلصة الصويا أو صلصة الفلفل الأحمر بصلصة الصويا. **جي جيم إي** له مرق أقل من تشي كيه وأكثر من جو ريم. وتستخدم المأكولات البحرية بإعداده غالباً. وأحياناً يطبخ لغمر «جون» (عبارة عن طعام مقلي يطبخ على شكل بيتزا) بالمرق قليلاً.
7. الأطعمة المقلية	**بوكم** عبارة عن الأطعمة المقلية من اللحوم والأسماك والأصداف والحبوب والأعشاب البحرية ...الخ. ويتم قليها بدون التوابل ويمكن وضع الخل الأسود والسكر ... الخ. **تشو** يتم سلقه حتى يتبخر كل المرق الذي به الزيت والخل الأسود والسكر.

الأطباق الكورية الجانبية

8. الأطعمة المقلية والمشوية	جون (جون يوآ، جون يو هوا، جونيا) يتم قليه بعد تبهير اللحوم والخضروات والمأكلات البحرية بشكل مفروم أو بشكل شرائح بالملح والفلفل الأسود ومن ثم يضاف إليها الطحين والبيض المخفوق. **سان جوك** وضع قطع الإعداد بشكل طويل (8~10 سنتيمتر) ورقيق (1سنتيمتر تقريباً) في السيخ ويضاف إليها الطحين والبي المخفوق . ومن ثم يتم قليها.
9. الأطعمة المحشية والمطهية على البخار	**تشيم / جيم** عبارة من تقطيع الإعداد بشكل كبير وتتبيله وبعد ذلك يتم السلق بالماء لفترة طويلة. أو يتم الطبخ على البخار أو يتم طبخه على الماء المغلي في إناء **سون** عبارة عن طبخ الإعداد الرئيسي (الخيار والكوسة وخثارة فول الصويا) مع الإعداد الأخرى على البخار خفيفاً. وصلصته متكونة من خلط صلصة الصويا.
10. الشرائح النيئة	**الشرائح النيئة العادية (سانغ هوي)** عبرة عن شرائح اللحوم والأسماك والأصداف والأعشاب البحرية النيئة بشكل رقيق وصلصتها تكون بخلط صلصة الفلفل الأحمر بالخل أو صلصة الخردل أو الملح مع الفلفل الأسود. **سوك هوي** يتم تسخين الأسماك والأصداف والخضروات والأعشاب البحرية خفيفاً. **تشو هوي** يتم تتبيل الأسماك والأصداف والخضروات والأعشاب البحرية بالخل وصلصة الصويا(أو الملح) بشكل خفيف. **كانغ هوي** يتم لف الشرائح النيئة بالخضار مثل البصل الأخضر الصغير توضع صلصة الفلفل الأحمر المختلطة بالخل. **مول هوي** : تقطيع السمك بشكل صغير ورقيق . وبعد ١لك يتم التتبيل بالبصل الأخضر والثوم ومسحوق الفلفل الأحمر ... الخ . ثم يوضع في الماء.
11. الأطعمة المجففة	**بوكاك** وضع غراء أرز الدبق الثقيل على الخضروات والأ سماك والأصداف . ومن ثم يتم تجفيفه وقليه. **جابان** عبارة عن السمك والصدف والأعشاب البحرية المخزنة بعد تمليحها بكثرة. **توي كاك** عبارة عن المقليات بدون تتبيلها وغالباً تطبخ الأعشاب البحرية. **بو** يتم تجفيف شرائح اللحوم والأسماك والأصداق المتبلة.
12. سون ديه وبيون يوك	**سون ديه** يتم حشو أحشاء الخنزير باختلاط دم الخنزير والأرز الدبق وبرعم الصويا الأخضر وأوراق الخس المجففة بالتوابل ويعقد طرفيها . ومن ثم تطبخ على البخار. **بيون يوك** تبريد صدر أو فخد البقر المغلي أو لحم الخنزير المغلي ويوضع عليه وزن ثقيل. وعند الأكل يقطع على شكل الشرائح.
13. موك وخثارة فول الصويا	**موك** دقيق الحنطة السوداء أو فول الصويا الأخضر أو جورة البلوط ...الخ يوضع في الماء وغليه. ومن ثم تبريده لجعله صلباً. **خثارة فول الصويا** فرم فول الصويا بعد تشربه بالماء وبعد ذلك يتم غليانه باستثناء ثفله. ومن ثم وضع ماء شديد المملوحة لكي جعله صلباً.
14. سام	لف «باب» والأطباق الجانبية بالخضروات والأعشاب البحرية المطبوخة أو غير المطبوخة.
15. المخللات (جانغ آ تشي)	غمر الخضروات بالماء المملوح أو معجون الصويا أو صلصة الصويا أو صلصة الفلفل الأحمر لكي يجعله ليناً.

الأطباق الكورية الجانبية

16. جود كال وشيك هيه	**جود كال** وضع الملح على السمك والصدف وأحشاءها وبيض السمك بنسبة 20 بالمئة ثم تخمر. **شيك هيه** أطباق الأرز المخمرة، سمك مملوح يخلط مع الأرز المطبوخ وسلطة الفجل والفلفل الأحمر والتوابل الأخرى.
17. الأطباق المعدة بصلصة الصويا	جانغ : بشكل عام، صلصة الفلفل الأحمر وصلصة الصويا معجون الصويا من «مَيْ جي» المتكونة من فول الصويا.
18. أنواع أخرى	تحوي الطعمة الكورية على جميع الاصناف ولكن لاتحتوي على جميع الانواع.

كعك التوك \ الفطائر المعدة من الأرز

النوع	التعريف
1. توك على البخار	طبخ دقيق الحبوب وتزيينه على البخار في قدر «شي رو» الخاص به، وهكذا سمي «شي رو توك».
2. توك المدقوق	عبارة عن دقيق الحبوب أو «باب(التصنيف #١-النوع#١)» الحبوب المطبوخ على البخار في قدر «شي رو» ومن ثم هرسها.
3. توك المقلي	عبارة عن قلي عجين دقيق الحبوب بعد تشكيل العجين.
4. توك المغلي	عبارة عن غلي دقيق عجين الحبوب ويضاف اليه المسحوق الخاص به
5. أنواع أخرى	تحوي الاطعمة الكورية على جميع الأصناف ولكن لا تحتوي على جميع الأنواع.

الحلويات - الفطائر والمعجنات

النوع	التعريف
1. يوميلكوا (الكوكيز العسلية والمقلية)	يتم تشكيل عجين الطحين ويضاف إليه العسل والزيت وقليه ثم وضع عليها العسل أو الدبس السكري.
2. حلوى يوكا (حلويات مقلية)	يتم عجين دقيق الأرز الدبق بغمره بالخمر أو شراب فول الصويا ثم يطبخ على البخار وخردها ثم تجفيفها . وبعد ذلك قليها ثم وضع عليها السكر والمسحوق الخاص بها.
3. داشيك	يتم تشكيله في الإطار بالإناء الخاص به (وفيه رسم الخطة أو الحرف) ووضع عجين دقيق الحبوب أو الخضار أو أنواع من الجوز أو الزهور مع العسل في الإطار.
4. الحلويات بالكرميلة (جونغ كوا)	يتم سلق قطع جذور وسيقان وثمار النباتات مع العسل والسكر لفترة طويلة.
5. الحلويات بالكرميلة (كانغ جونغ)	يتم خلط فول الصويا والسمسم والأنواع المختلفة من الجوز بالدبس السكري والعسل والسائل الطوفي ومن ثم قطعها.
6 . يود	يتم غليان الأرز والأرز الدبق والدخن الإفريقي والبطاطس الحلوة ...الخ مع الشعير المنبت بنقعه في الماء لفترة طويلة.
7. فطائر ومعجنات أخرى	تحوي الاطعمة الكورية على جميع الاصناف ولكن لاتحتوي على جميع الانواع.

المشروبات الكورية

النوع	التعريف
1. الشاي	شراب الخضار والفواكه وأوراق الشاي المختلفة والمقرومة أو المجففة أو بشكل قطع رقيقة بعد غمرها بالعسل أو السكر ومن ثم غليانها أو غمرها بالماء المغلي .
2. هوا تشيه	عبارة عن شراب الفواكه والزهور المقطعة التي تغمر بالعسل أو السكر، أو بعصير أوميجا (نوع من الفاكهة) أو الماء المضاف إليه السكر أو العسل.
3. سيكهي	سلق الأرز المطبوخ بمرق برعم الشعير على درجة حرارة مناسبة لفترة طويلة.
4. سوجونغ كوا	شراب الزنجبيل والقرفة المغلي تم إليه إضافة السكر أو العسل مع فاكهة الكاكا المجففة.
5. أنواع أخرى	تحوي الاطعمة الكورية على جميع الاصناف ولكن لاتحتوي على جميع الانواع.

الكحول

النوع	التعريف
1. الخمر من الحبوب	الشراب المحتوي على عنصر الكحول بعد تخمر الحبوب.
2. الخمر المقطرة	عبارة عن تقطير الحبوب المخمرة سابقاً حتى تصبح نسبة الكحول أكثر تركيزاً (مثل سوجو).
3. أنواع أخرى	تحوي الاطعمة الكورية على جميع الاصناف ولكن لا تحتوي على جميع الانواع.

الفصل الثاني

العاصمة سيول ومحافظة كيونغكي دو

تعد مدينة سيول مدينة تاريخية كانت عاصمة منذ بداية عصر مملكة تشوسون في شبه الجزيرة الكورية وكان للعائلة المالكة بذلك الوقت ارتباط كبير بتنوع وتعدد الأطعمة في المملكة الكورية، حيث كانت
حينئذ تُحمل العديد من الأنواع المختلفة من الأطعمة من المناطق البعيدة من كافة أنحاء البلاد إلى العاصمة من أجل إعلان الولاء ولإبداء ولتقديم الإحترام والتقدير للأسرة المالكة، وكانت هذه الأطعمة المتعددة تؤكل في احتفالات جماعية تقام في القصر، فلذلك ومقارنة بالمدن والمناطق الأخرى فإنه من الملاحظ كثرة وتنوع أنواع الأطعمة في مدينة سيول. وتتصف الأطعمة في مدينة
سيول بأنواعها المتعددة والمختلفة ورغم قلة كميتها في الأطباق إلا أنها كثيرة الأنواع والتنوع، علاوة على امتيازها بمذاق معتدل لأنها تعد غير حارة وغير مالحة حيث يتم تتبيلها وتبهيرها بكميات معتدلة وملائمة من البهارات والتوابل جاعلة منها ذات مذاق يتصف بالاعتدال. ومن بين الأطباق المميزة المنتشرة بشكل واسع هو طبق الكمشي المميز بنكهة ومذاق شهي ومنعش الذي يعد من ربيان مملح وثمار العناب المملحة وربيان نيء. وكانت الأطعمة بمدينة
سيول تزين بشكل جذاب وشهي بخمسة الوان وذلك لجعلها تبدو جذابة للنظر وشهية للنفس، ومن خصائص الأطعمة في مدينة سيول المذاق المميز بنكهته الخاصة، فيتمتعون بها البعثات الدبلوماسية الأجنبية والأجانب المقيمون في عاصمة سيول.

مقارنة بمدينة سيول فإن الأطعمة من المناطق الأخرى في محافظة كيونغكي دو تعد بسيطة ولكنها (نسبياً كثيرة ومتنوعة مثل حساء اليقطين أو حساء سوجيبي (حساء المعكرونة بالطريقة الكورية)، وهناك عدد من الأطباق المعدة من اليقطين والبطاطا والذرة والطحين والفول الأحمر إلخ.

وجبة يونكون جوك
(طبق جذور نبات اللوتس)

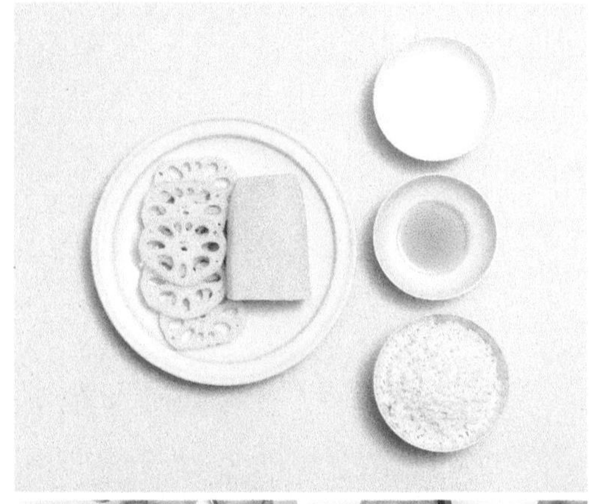

المكونات والمقادير

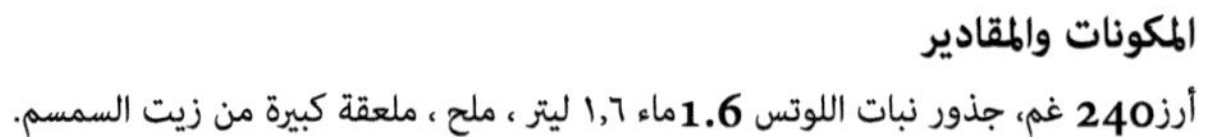

أرز240 غم، جذور نبات اللوتس 1.6ماء ١,٦ ليتر ، ملح ، ملعقة كبيرة من زيت السمسم.

طريقة الإعداد

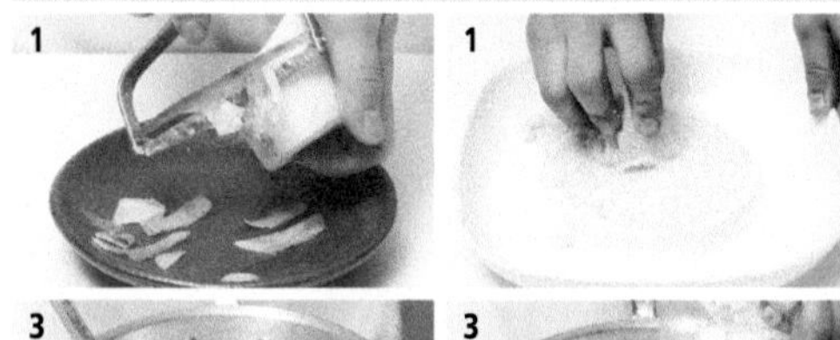

1. غسل جذور اللوتس ثم تقشيرها وبعدها تقطيعها لقسمين، وبعد إتمام عملية التقطيع قم بهرس القسم الأول من جذور اللوتس على آلة السحن، الشعيرية، أما الجزء الثاني منها فقم بتقطيعه لشرائح صغيرة بحجم (0.3 سم).
2. غسل الأرز بالماء جيداً ، ومن ثم نقعه بالماء.
3. وضع زيت السمسم بقدر ثم أضف إليه الأرز المنقوع وشرائح جذور اللوتس ، ومن ثم تحميصها معاً بالقدر، وبعد إتمام عملية التحميص قم بإضافة ماء الى القدر، ثم قم بطهيها معاً لدرجة الغليان.
4. بعد الإنتهاء من عملية الطهي وبعد أن يصبح الأرز مطهياً جيداً، بعدها قم بإضافة جذور اللوتس المهروسة فوقه مع تمليحها بالملح، ومن ثم قم بطهي الخليط مرة ثانية لفترة وجيزة.

وجبة بيونسو بطريقة كايسونغ
(طبق معجنات محشية باللحم)

المكونات والمقادير

مكونات العجينة ومقاديرها طحين 220غم (ما يعادل كوبين)، بيضة واحدة ، ماء ، ملعقة صغيرة من الملح.

مكونات الحشوة ومقاديرها لحم بقر100 غم، لحم خنزير 100غم ، خثارة الفول 150غم، أشطاء نبات فول100غرام، بيتشو كمشي100غم (معد من ملفوف صيني وصلصلة الفلفل الكورية)، صفار بيضة واحدة، قليل من الملح.

مكونات تتبيلة اللحم ومقاديرها ملعقة كبيرة من صلصة الصويا، ملعقتان كبيرتان من البصل الأخضر المقطع، ملعقة كبيرة من الثوم المسحون، ملعقتان كبيرتان من زيت السمسم، ملعقة كبيرة من السمسم المطحون، ملعقة صغيرة من الفلفل الأسود.

مكونات تتبيلة الحشوة ومقاديرها ملعقة كبيرة من الربيان المملح، ملعقة كبيرة من مسحوق الفلفل الأحمر الحار، ملعقة كبيرة من زيت السمسم ، قليل من الملح.

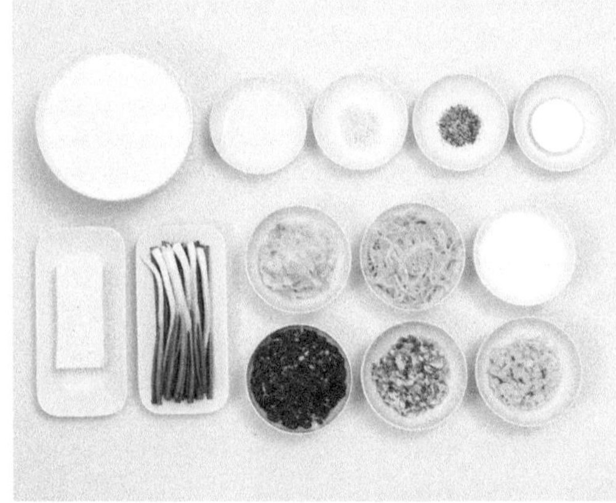

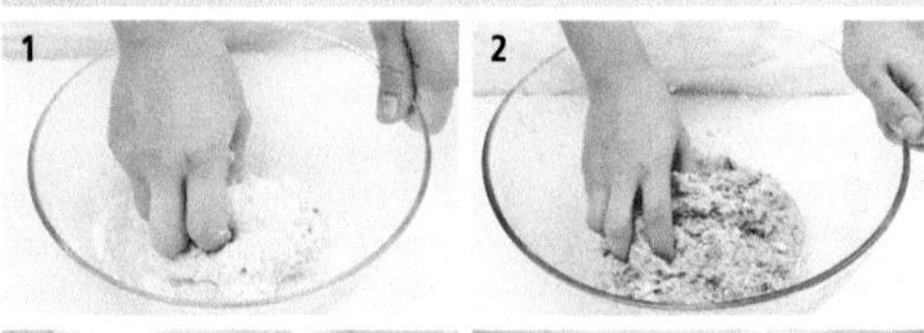

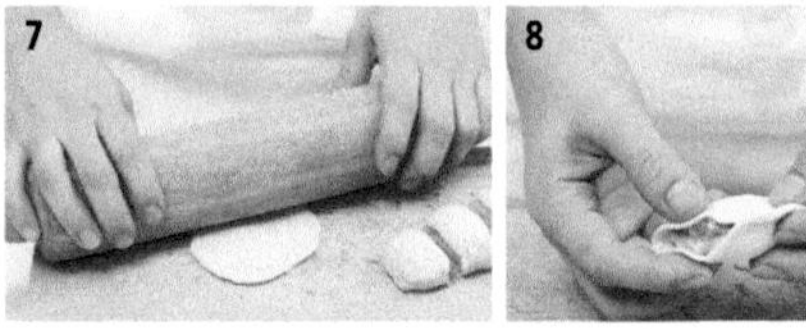

طريقة الإعداد

1. لإعداد العجينة التي ستضع بداخلها الحشوة ، قم بخلط الكميات المذكورة أعلاه من الطحين والملح بطبق ثم قم بتنخيل الخليط بتمريره بمنخال ، ثم أضف إليه الماء وبياض البيض وقم بعجنه حتى تتكون عجينة متماسكة، ثم قم بلفها بقطعة قماش قطنية لمدة 30 دقيقة ، ومن ثم قم بتقطيعها لقطع صغيرة على شكل كرات صغيرة بقطر6 سم.
2. فرم لحم البقر والخنزير لقطع دقيقة ، ومن ثم أضف إليها تتبيلة اللحم المذكورة أعلاه.
3. لف خثارة الفول بقطعة قماش قطنية وضغطها بقوة لتفتيت خثارة الفول، ثم قم بخلطه مع الربيان المملح ومع تتبيلة الحشوة المذكورة أعلاه ، من ثم قم بمزج الخليط بشكل جيد حتى يتغير لونه الى اللون البنفسجي.
4. غلي الماء وسلق براعم الفول بالماء الساخن الذي يضاف إليه الملح، وبعدها قم بتصفية الماء الزائد منها، ومن ثم تقطيعها الى قطع كبيرة الحجم.
5. قم بتصفية الماء من الكمشي ومن ثم تقطيعه لقطع بحجم 0.5 سم.
6. لإعداد الحشوة ، قم بخلط الكميات المذكورة أعلاه من لحم البقر ولحم الخنزير وخثارة الفول وبراعم الفول والكمشي مع بياض البيض والملح.
7. قم بترقيق قطع كرات العجينة المتماسكة المعدة بالخطوة الأولى بالشوبك بترقيقها بسماكة 0.3 سم.
8. قم بوضع كميات من الحشوة في وسط رقائق العجينة المعدة أعلاه ، ثم قم بإغلاقها عن طريق طوي كلا طرفيها والضغط على أطرافها بأصابع اليد لتطبيقها معاً، ومن ثم قم بخرمها من السطح قم بوضعها بقدر كبيربه ماء ساخن وغليها حتى تطفو الى سطحه، وبعد طفوها على السطح قم بغرفها وغمسها بماء بارد ، ومن ثم قم بوضعها بطبق.
9. بإمكانك تقديم المعجنات المعدة أعلاه بطبق كما هي مع طبق جانبي من الخل وصلصة الصويا، أوتقديمها بعد طهيها بحساء لحم البقر لمدة قصيرة مع إضافة قطع من لحم البقر وقطع من البيض مقلي.

ملاحظات

الأسم الكوري المطلق على هذه المعجنات الكورية التقليدية هو «ماندو» والتي يرجع أصلها من منطقة منشوريا في الصين، بينما المعنى الحقيقي ل « - دو « هو « رأس الإنسان « ، وترجع تسمية هذا الطعام حسب الروايات الصينية القديمة القائلة ؛ إنه كان هناك قائد صيني في عهد مملكة شو معروف ومشهوربقسوته وبدهائه وبحكمته العسكرية يدعى زهيو جي ليانغ ، ويقال أن هذا القائد الجبار لم يتمكن من عبور نهر يدعى نهر روشي خلال إحدى معاركه لفتح الجزء الشمالي من البلاد، ويعود ذلك لهطول أمطار غزيرة وهبوب رياح عاتية بشكل مفاجيء حيث غطت السماء غيوم سوداء حتى أصبح النهار يبدو ليلاً، في ذلك الحين قال السكان المحليون أن سبب ذلك يرجع لأشباح الأرواح التي قتلها القائد، لأن القائد تسبب بزهق العديد من الأرواح خلال فترة حروبه المتكررة، لذلك ومن أجل تحسن الأحوال الجوية السيئة عليه أن يقدم ٤٩ رأساً من البشر كقرابين. ولما سمع القائد بذلك الكلام قام بتحضير معجنات الماندو المحشية بلحم الخرفان ولحم الخنزير والمعدة على شكل رأس إنسان وقدمها كقرابيين بمراسيم دينية، ومن هنا جاءت تسميتها، فلذلك يرجع أصل هذه الأكلة الى الصين، وقد انتشرت بالبداية في الجزء الشمالي الكوري لقربه ومجاورته للحدود الصينية. هناك ذكر لهذا الطعام في كتاب «تاريخ كوريو» الذي يتناول تاريخ مملكة كوريو، ويرد فيه أن شخصاً عُوقب في فترة حكم الملك تشونغ هي لمحاولته سرقة طعام الماندو، مما يدل على أن معجنات الماندو كانت معروفة في كوريا في عصرمملكة كوريو.

يطلق اسم آخر على الماندو في كل من مدينة سيول ومحافظة كيونغكي دو حيث يطلق عليه بيونسو ويعود سبب هذه التسمية لأن سكان تلك المنطقة يقومون بغلي معجنات الماندو بالماء قبل أكلها.

* . تشتهر هذه المعجنات الكورية في الدول الناطقة باللغة الإنجليزية بشكل خاص وعلى المستوى الدولي بشكل عام.

وجبة تشوكيو تانغ

(، طبق شوربة الدجاج الموسمية ، تؤكل في موسم الصيف)

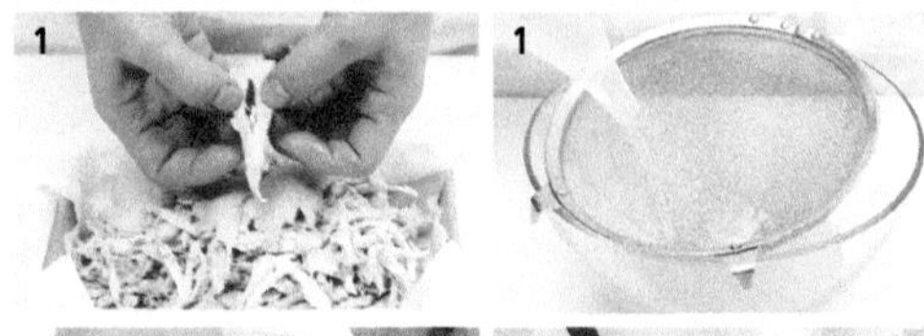

المكونات والمقادير

دجاج 1 كغم ، جذور زهرة الجُريس 80 غم ، أعشاب الورت 50 غرام ، أغصان أشجار الخيزران اليانعة 100 غم، طحين 110 غم ، بيض 100 غم، بصل أخضر صغير 30 غم ، فلفل أحمر حار 10 غم، لحم بقر 100 غم، فطر مجفف 10 غم، شوربة دجاج 2 ليتر (ما يعادل عشرة أكواب)، نصف ملعقة كبيرة من زيت السمسم، صلصة الصويا المخففة، صلصة سمك الآنشوفة، ملح، قليل من الفلفل الأسود.

مكونات شوربة الدجاج ومقاديرها ماء 2.6 ليتر (ما يعادل 13 كوباً)، زنجبيل 20 غم، ثوم 30 غم، بصل 10 غم.

مكونات تتبيلة اللحم والفطرومقاديرها ملعقة كبيرة من صلصة الصويا ، ملعقة كبيرة من البصل الأخضرالمقطع، نصف ملعقة كبيرة من الثوم المسحون، نصف ملعقة كبيرة من السكر، نصف ملعقة كبيرة من زيت السمسم، قليل من الفلفل الأسود.

مكونات تتبيلة لحم الدجاج ومقاديرها ملعقة صغيرة من الملح، ملعقة كبيرة من البصل الأخضر المقطع، نصف ملعقة كبيرة من الثوم المسحون، نصف ملعقة كبيرة من زيت السمسم، ملعقة صغيرة من عصارة الزنجبيل ، قليل من الفلفل الأسود.

طريقة الإعداد

1. غسل الدجاجة بالماء ثم سلقها الماء المضاف إليه الزنجبيل والثوم والبصل ، بعد سلقها قم بفصل لحم الدجاج عن العظام وتفسيخها، ثم قم بوضع لحمها بطبق، ثم أرجع عظامها مرة ثانية داخل القدر ثم قم بغليها مرة ثانية، مع مراعاة إزالة الطبقة الدهنية المتكونة خلال عملية الغلي، وبعد إتمام عملية الغلي، قم برفع العظام من الحساء للحصول على شوربة دجاج صافية.
2. تقطيع أزهار الجريس لقطع رقيقية، ومن ثم قم بفركها بالملح وذلك من أجل تليينها وللإزالة طعم المرارة منها.
3. تنظيف أعشاب الورت ثم تقطيعها لقطع بحجم 3 سم، ومن ثم سلقها بالماء، قم بتقطيع أغصان الخيزران لشرائح رقيقية ثم غليها بالماء، وبعد غليها قم بقليها بالزيت، ثم قم بتقطيع قرون الفلفل الأحمر الحار لقطع بحجم 3 × 0.3 × 0.3 سم.
4. تقطيع لحم البقرلقطع كبيرة، ثم قم بنقع الفطر بالماء ومن ثم تقطيعه لشرائح بسماكة 0.3 سم، ومن ثم قم بخلط قطع اللحم والفطر بتتبيلة اللحم المذكورة أعلاه.
5. قم بإضافة الطحين والبيض الى ما أعد بالخطوة الرابعة، ثم قم بخلطها معاً جيداً وذلك عن طريق عجنها معاً، ومن ثم قم بإضافة البصل الأخضر، ثم قم بعملية العجن حتى تتكون لديك عجينة متماسكة.
6. أضف قليلا من صلصة الصويا وصلصة سمك الآنشوفة والملح الى شوربة دجاج المعدة بالخطوة الأولى وطهيها على الغاز، وخلال عملية الطهي قم بإضافة قطع صغيرة بحجم ملعقة كبيرة من العجينة المعدة بالخطوة الخامسة، وحينما تطفو قطع العجينة على السطح اطفىء الغاز، ثم قم بتبهيرها برشها بقليل من الفلفل الأسود وزيت السمسم.

بيونغو كام جيونغ

(طبق سمكة عروسة البحر المدمّسة «مطهية ببطىء»)*

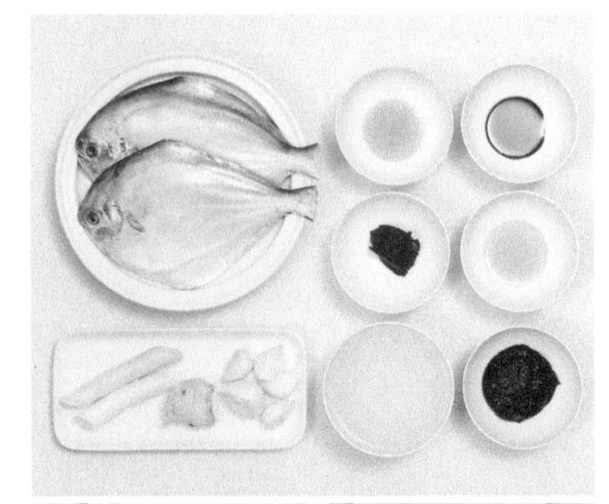

المكونات والمقادير

سمكة عروسة البحر 480 غم.

مكونات تتبيلة الشوربة ومقاديرها حساء الآنشوفة 200 ملل (كوب واحد) ، ثلاث ملاعق كبيرة من معجون الفلفل الأحمر الحار، نصف ملعقة كبيرة من معجون الصويا ، نصف ملعقة كبيرة من صلصة السمك، نصف ملعقة كبيرة من صلصة الصويا المخففة.

مكونات التتبيلة ومقاديرها ملعقتان كبيرتان من شرائح البصل الأخضر، ملعقة كبيرة من شرائح الثوم، ملعقتان كبيرتان من شرائح الزنجبيل، ملعقتان كبيرتان من زيت السمسم.

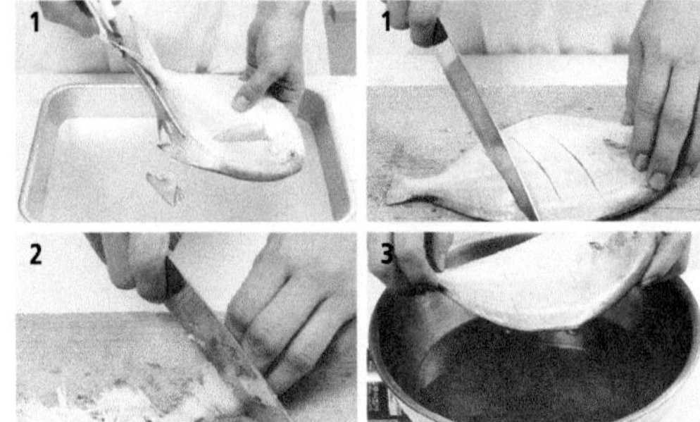

طريقة الإعداد

1. تنظيف السمكة من الداخل والخارج بإزالة قشورها وزعانفها وأمعائها ، ومن ثم قم بخدشها في عدة أماكن في جسدها.
2. تقطيع البصل الأخضر والثوم والزنجبيل لقطع صغيرة ، ثم خلطها مع تتبيلة الشوربة والسمكة.
3. وضع معجون الفلفل الأحمر الحار ومعجون الصويا وصلصة الآنشوفة وصلصة الصويا المخففة في شوربة الآنشوفة ، ثم قم بطهي المحتويات حتى درجة الغليان، بعد إتمام عملية الغلي قم بإضافة السمكة المنظفة بداخل الشوربة، ومن ثم قم بطهيها ببطء على نار هادئة.
4. إضافة التتبيلة المعدة بالخطوة الثانية الى الشوربة ومن ثم الاستمرار بعملية الطهي على نار هادئة.

ملاحظات

بالإمكان إعداد الوجبة بسمك النّعاب بدلاً من سمكة عروسة البحر.

---

*عادة ما تُفضل الأسماك المدمسة على الأسماك المسلوقة.

وجبة كوونغ كمشي
(طبق كمشي مع طائر التّدرج « يشبه طائر الحجل»)*

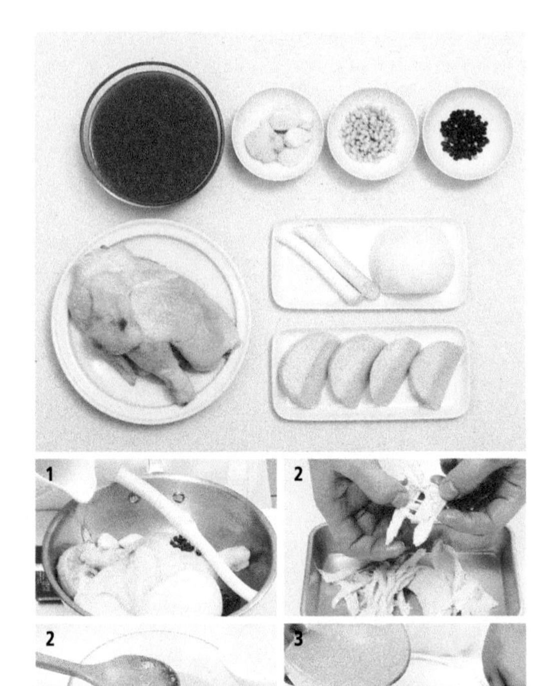

المكونات والمقادير

طائر التّدرج، كيلو من الفجل الأبيض لإعداد دونغ تشيمي (شوربة كمشي الفجل البادرة)، لترين من الماء (ما يعادل 10 أكواب)، لترين من شوربة دونغ تشيمي (10 ما يعادل أكواب)، ملعقة كبيرة من الصنوبر، بصل أخضر 35 غم، رؤوس بصل 80 غم، زنجبيل 10 غم ، ثوم 30 غم، قليلاً من الفلفل الأسود.

طريقة الإعداد

1. تنظيف الطائرمن الداخل والخارج، ومن ثم قم بوضعه بقدر به ماء مضيفاً إليه كل من البصل الأخضر والبصل والزنجبيل والثوم والفلفل الأسود، ثم قم بعملية طهي المحتويات لدرجة الغليان.
2. بعد الإنتهاء من عملية الطهي، قم برفع الطائرالمطهي من الحساء، ومن ثم قم بتقطيع وتفسيخ لحمه لقطع صغيرة ، ومن ثم قم بتبريد الشوربة وقشط الدهون المتكونة على سطحها.
3. إضافة شوربة دونغ تشيمي الى الحساء وخلطهما معاً جيداً ، وبعد إتمام عملية الخلط قم بإضافة قطع لحم الطائر المطهية والكميات المذكورة من شرائح الفجل والصنوبر إليه.

ملاحظات

ذكر اسم هذا الطعام في كتاب قديم عن الأطعمة حيث تم ذكره بكتاب « ديميبانج للأطعمة « الذي ألفته كاتبة تدعى جانغ من منطقة أندونغ وذلك في عام 1670 م، فحسب ما جاء بالكتاب كان يدعى هذا الطعام أيضاً باسم «ساينج تشي تشيمتشي « والذي كان يُعدّ في تلك الفترة بوضع المكونات في قدر به ماء ساخن ومملح، وكان يؤكل في ذلك الوقت كما يؤكل الكمشي العادي حالياً.

*.بالإمكان إعداد هذه الوجبة بإستخدام طيور أخرى كالحمام أو الوز أو الدجاج.

طبق جانغ كمشي*

المكونات والمقادير

ملفوف صيني 400 غم، فجل أبيض 150 غم، أعشاب الورت 100 غم، أوراق نبات الخردل 150 غم، بصل أخضر 50 غم، فطر 10 غم، فطر المانا 3 غم، كستناء 100 غم، عنّاب 20 غم، ثمار البرسيمون 140 غم، ثمار الآجاص 370 غم، ثوم 30 غم، زنجبيل 10 غم، ملعقة كبيرة من الصنوبر ، نصف كوب من صلصة الصويا.

مكونات الشوربة ومقاديرها نصف كوب من صلصة الصويا، ماء 1.2 ليتر ، ثلاث ملاعق كبيرة من العسل (أو سكر).

طريقة الإعداد

1. إزالة الأوراق الخارجية للملفوف، ومن ثم تقطيع الأوراق المتبقية لقطع بحجم (3.5 × 5 سم).
2. إختيار رؤوس من الفجل الصلبة الملمس، ثم قم بتقطيعها لقطع أصغر قليلاً من قطع الملفوف.
3. قم بخلط قطع الملفوف والفجل ثم أضف إليها صلصة الصويا خلط كلهاً، ومن ثم تركها لفترة من الزمن منقوعة بالصلصة.
4. قم بقطع الجزء السفلي من أعشاب الورت وأوراق نبات الخردل ، ثم غسلها وتقطيعها لقطع بطول 3.5 سم. ثم قم بنقع الفطر بالماء وبعد نقعه قم بتقطيعه لقطع صغيرة ، ومن ثم قم بغسل فطر المانا وتقطيعه لقطع بسماكة 0.2 سم.
5. تقطيع حبات الكستناء لشرائح بسماكة 0.2 سم، ثم قم بإزالة البذور من ثمار العناب، ومن ثم قم بتقطيعها طولياً الى ثلاث قطع.
6. تقشير ثمار البرسيمون وثمار الآجاص، ومن ثم تقطيعهما لقطع بحجم قطع الفجل.
7. تقطيع الجزء الأبيض (السيقان فقط) من البصل الأخضر لقطع بطول 3.5 سم، ثم قم بتقطيع الثوم والزنجبيل لشرائح رقيقة.
8. قم بقطع الأجزاء العلوية (القلنسوة) لثمار الكستناء، ومن ثم قم بمسحها بقطعة قماش جافة.
9. خلط جميع المكونات المعدة أعلاه معاً، ثم أضف لها كل من صلصة الفجل والملفوف الصيني المعدة بالخطوة الثالثة، ثم أتركها جميعاً لمدة يوم كامل، بعد يوم أضف إلى الخليط كمية الشوربة المذكورة أعلاه، ومن ثم قم بترك الخليط حتى تتم عملية التخمر للحصول على مخلل الكمشي.

1

2

3

9

ملاحظات

ليس بالإمكان إعداد كميات كبيرة من هذا النوع من الكمشي حيث أنه ينضج ويتخلل ويفسد بسرعة، ويعتمد ذلك على الأحوال الجوية، فعندما تكون الأحوال الجوية باردة فمن المفضل أكله خلال فترة تتراوح ما بين أربعة لستة أيام من إعداده ، بينما في الأحوال الجوية الحارة يُفضل أكله خلال يومين من إعداده، ويعتمد مذاق هذا النوع من الكمشي على حالة الطقس والفصول أيضاً وأفضل مذاق له في فصلي الشتاء والخريف. وبالإمكان تقديم هذا النوع من الكمشي مع رش حبات من الصنوبر فوقه ويمكنك تقديمه أيضاً كطبق جانبي مع طبق كعكة الأرز.

*.يتمتع بها الكثير من الناس لإحتوائها على أنواع من الفواكه ولكونها ليست حارة المذاق.

وجبة إيونهانغ جانغ جوريم
(طبق ثمار الجنكة- كستناء صينية - بصلصة الصويا)

المكونات والمقادير

ثمار الجنكة 500 غم، ملعقة كبيرة من زيت القلي.

مكونات التتبيلة ومقاديرها نصف كوب من صلصلة الصويا ، ثلث كوب من شراب الدكستروز، ثلث كوب من السكر، ثلاثة ملاعق كبيرة من نبيذ الأرز المكرر، ماء 100 ملل (ما يعادل نصف كوب)، قليل من زيت السمسم.

طريقة الإعداد

1. غسل ثمار الجنكة بالماء ثم قليها بمقلاة، وبعد إتمام عملية القلي قم بإزالة قشورها الخارجية، ومن ثم قم بمسحها بقطعة قماش جافة وذلك لإزالة ما علق بها من دهون.
2. خلط كل من صلصلة الصويا وشراب الدكستروز والسكر ونبيذ الأرز المكرر بقدر به ماء ، ومن ثم طهي الخليط حتى درجة الغليان ، وبعد تبخر نصف كمية الماء ووصول مستوى الماء للنصف قم بإضافة ثمار الجنكة إليه.
3. تخفيف الغاز تحت القدر وطهيها على نار هادئة، وعندما تتم عملية طهي ثمار الجنكة جيداً وظهور لمعان لها قم بإطفاء الغا.
4. إضافة قليل من زيت السمسم قبل أكلها.

وجبة دوبوجوك

(طبق لحم الخنزير المقلي بخثارة الفول)*

المكونات والمقادير

خثارة الفول ١ كغم، لحم خنزير 150 غم، قليل من زيت القلي.

مكونات تتبيلة خثارة الصويا ومقاديرها ملعقة صغيرة من الملح، ملعقتان كبيرتان من النشا، قليل من الفلفل الأسود.

مكونات تتبيلة لحم الخنزير ومقاديرها ملعقة كبيرة من صلصة الصويا ، نصف ملعقة كبيرة من السكر، ملعقة كبيرة من البصل الأخضر المقطع، نصف ملعقة كبيرة من الثوم المسحون، ملعقة صغيرة من عصارة الزنجبيل ، قليل من الفلفل الأسود.

مكونات تتبيلة صلصة الصويا بالخل ومقاديرها ملعقة كبيرة من صلصة الصويا، نصف ملعقة كبيرة من مادة الخل، ملعقة كبيرة من شراب المشمش الياباني، ملعقة كبيرة من المياه المعدنية.

طريقة الإعداد

1. ضغط خثارة الصويا قليلاً لإزالة الماء منها، وثم تقطيعها لقطع بسماكة 7 ملم، وبعدها قم بتبهيرها ببهار الفلفل الأسود وتمليحها بالملح، ومن ثم قم بتغطيتها بطبقة من مادة النشا.
2. تتبيل لحم الخنزير المفروم بخلطه بتتبيلة لحم الخنزيرالمذكورة أعلاه وخلطه على شكل عجينة.
3. ضع طبقة رقيقة من عجينة لحم الخنزيرالمعدة بالخطوة الثانية فوق قطع خثارة الصويا (المعدة بالخطوة الأولى).
4. قم بقلي كلا جانبي قطع لحم الخنزيروخثارة الصويا المعدة بالخطوة السابقة بمقلاة بها زيت قلي.
5. تقديم قطع اللحم وخثارة الصويا المقلية مع طبق جانبي من تتبيلة صلصة الصويا بالخل.

ملاحظات

من المعتقد أنه تم إختراع هذا النوع من الطعام من قبل الأمير ليو آن أحد أمراء عصر مملكة هان الصينية التي كانت تحكم في القرن الثاني قبل الميلاد، ويُعتقد أنه تم نقلها الى كوريا خلال فترة حكم مملكة تانج الصينية.

*. تكتسب خثارة الفول (توفو) شهرة بكل من أمريكا وبريطانيا، حيث يفضلون النوع الجامد منها عن النوع اللين.

وجبة جيوك- جيونيا
(طبق لحم خنزيرالمقلي بالطحين)

المكونات والمقادير

لحم خنزير (من السيقان) 600 غم، طحين 110 غم، زيت قلي، ماء، ثلث ملعقة صغيرة من الملح.

طريقة الإعداد

1. غلي لحم الخنزير بقدر به ماء، ثم ضعه بطبق وأضغطه قليلاً، ومن ثم قم بتقطيعه لشرائح رقيقة.
2. قم بخلط الطحين بالماء جيداً مع إضافة الملح.
3. سكب الزيت بمقلاة سبق تسخينها، ومن ثم قم بصب خليط الطحين المعد بالخطوة الثانية بداخلها، بعدها قم بوضع شرائح لحم الخنزير فوقها، ومن ثم قم بتغطية شرائح اللحم بطبقة رقيقة أخرى من خليط الطحين، ومن ثم قم بقلي كلا جانبيها حتى يصبح لونها أصفر.
4. تقطيع عجة لحم الخنزير المعدة أعلاه لقطع صغيرة بحجم لقمة الفم، ومن ثم قم بوضعها بطبق.

ملاحظات

بإمكانك إعداد الوجبة بلحم خنزير مفروم مبهر بالفلفل الأسود، ثم تغطيته بطبقة من الطحين المخلوط بالبيض، ومن ثم قلي المكونات بالزيت.

وجبة توك جيم
(طبق لحم البقر بمعجنات كعك الأرز المعد على البخار)

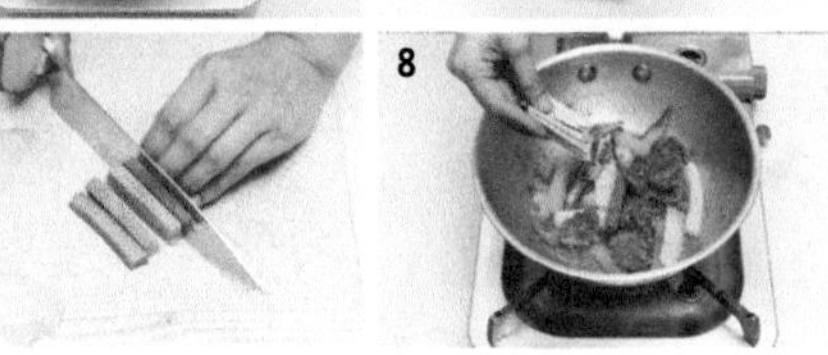

المكونات والمقادير

كعك كاري (قطع دائرية أو مستطيلة من كعك الأرز) **500** غم، لحم بقر من السيقان **200** غم، لحم بقر من الضلوع **200** غم، لحم بقر مقطع لقطع صغيرة **100** غم، فجل **100** غم، جزر **100** غم، فطر مجفف **15** غم، أعشاب الورت **50** غم، بيض **50** غم، ثمار الجنكة **20** غم، شوربة (معدة بلحم ضلوع البقر) **200** ملل.

مكونات تتبيلة لحم ضلوع وسيقان البقرومقاديرها ملعقة كبيرة من صلصة الصويا ، ملعقة كبيرة من البصل الأخضر المقطع، نصف ملعقة كبيرة من السكر، نصف ملعقة كبيرة من الثوم المسحون، قليل من الفلفل الأسود، ملعقة كبيرة من زيت السمسم.

مكونات تتبيلة لحم البقر المقطع ومقاديرها ملعقة كبيرة من صلصة الصويا، ملعقة كبيرة من البصل الأخضرالمقطع، نصف ملعقة كبيرة من السكر، نصف ملعقة كبيرة من الثوم المسحون ، قليل من الفلفل الأسود، ملعقة كبيرة من زيت السمسم.

مكونات التتبيلة المقدمة مع الطبق صلصة الصويا، سمسم مطحون، سكر، زيت سمسم.

طريقة الإعداد

1. غلي لحم البقر من السيقان ومن الضلوع، بعد إتمام عملية الغلي قم بوضع قطع اللحم بطبق ثم قم بتقطيعها لقطع كبيرة الحجم، ومن ثم أضف إلى القطع تتبيلة لحم البقر.

2. تقطيع الفطر وخلطه مع قطع لحم البقر المتبلة، ومن ثم قم بخلطها معاً جيداً.

3. تقطيع كعك كاري لقطع بطول **5** سم، ومن ثم قم بتقسيم كل قطعة لأربع أجزاء، وفي حالة كون قطع الكعك صلبة وجافة. قم بغليها بماء ساخن لتليينها.

4. سلق الفجل والجزر بالماء، ثم تقطيعهما لقطع بحجم كعك كاري، قم بتقطيع أعشاب الورت لأربع قطع، ومن ثم قم بتجهيز ثمار الجنكة بإزالة قشورها الخارجية والداخلية.

5. قلي البيض على شكل طبقة رقيقة، كل بيضة على حدة، ومن ثم قم بتقطيعها لقطع بعرض **2** سم.

6. قلي قطع لحم البقر المتبلة والفطر، ومن ثم أضف إليها كل من قطع لحم البقر المتبلة من السيقان ومن الضلوع والجزر والفجل ، ومن ثم أضف إليها كمية الشوربة المذكورة أعلاه، ومن ثم قم بطهي جميع المحتويات على نار هادئة حتى درجة الغليان.

7. بعد تبخر نصف كمية الماء ووصوله لمستوى النصف، قم بإضافة كل من قطع كعك كاري وثمار الجنكة إليها، مع مراعاة تحريكها بشكل جيد.

8. بعد الانتهاء من عملية الطهي قم بإضافة أعشاب الورت المقطعة ، ثم قم بوضع الطعام بطبق ثم ضع فوقه قطع طولية من صفار وبياض البيض المقلي.

وجبة سوسام كانغ هُوِي

(طبق ملفوف الجنسنغ الطازج)*

المكونات والمقادير

خمسة جذور طازجة من نبات الجنسنغ ، عناب 10 غم، خمسة قطع من أعشاب الورت، ملعقة كبيرة من السكر، ملعقة كبيرة من الخل، نصف ملعقة صغيرة من الملح، ملعقتان كبيرتان من العسل، قليل من الصنوبر.

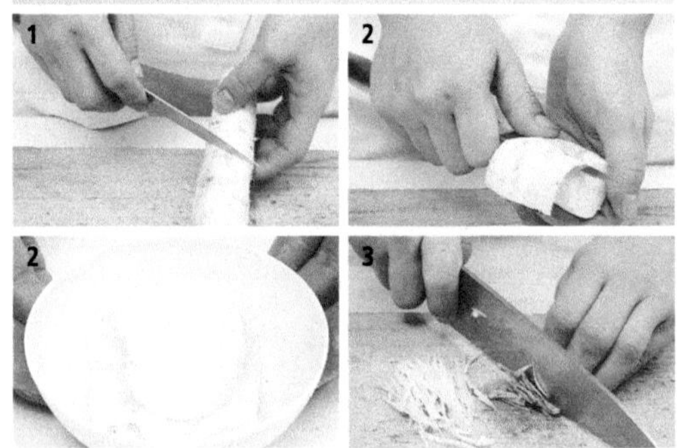

طريقة الإعداد

1. اختر جذور الجنسنغ المتوسط الحجم، ومن ثم قم بغسلها بالماء.
2. تقطيع جذرين من جذور الجنسنغ لقطع بطول ٤ سم، ومن ثم قم بنقعها بماء مضاف إليه الكميات المذكورة أعلاه من الملح والخل والسكر.
3. إزالة البذور من ثمار العناب، ومن ثم تقطيعها لشرائح.
4. وضع شرائح العناب بداخل قطع جذور الجنسنغ ، ومن ثم قم بلفها على شكل ملفوف.
5. تقطيع الجذرين المتبقين من جذور الجنسنغ لقطع بحجم 1 × 3.5 سم، ثم قم بوضع شرائح العناب فوقها ، ومن ثم قم بربطها معاً عن طريق لفها بقطع أعشاب الورت المسلوقة.
6. قم بتقديمها مع أطباق جانبية من العسل والخل أو معجون الفلفل الحار.

*. تشتهر جذور الجنسنغ الطازجة بقيمتها الغذائية الصحية، ورغم مرارة مذاقها فإن كثير من الناس يحب تناولها.

كعك كيريوم بيون

(طبق كعك الكيريوم المعد من الأرز)

المكونات والمقادير

مسحوق الأرز اللزج **1** كغم، كوب من مسحوق الفاصوليا الأحمر، ماء محلى بالسكر **100** ملل، عناب **100** غم، كستناء **200** غم، جوز **40** غم، نصف كوب من الفاصوليا، صنوبر **35** غم، ماء، قليل من السكر.

طريقة الإعداد

1. إضافة الماء لمسحوق الأرز ومن ثم خلطه.

2. إضافة الماء لمسحوق الفصوليا الأحمر وغليه حتى درجة الغليان، ومن ثم تصفية الماء منه، وبعدها قم بقليه بمقلاة مع مراعاة التحريك المستمر، وذلك لإزالة وتبخرما تبقى به من ماء.

3. سلق حبات الكستناء لفترة وجيزة، ومن ثم قم بإزالة قشورها. قم بتحضير العناب بإزالة بذوره وبتقطيعه لقطعتين أو ثلاث قطع، ثم قم بسلق حبات الفصوليا المنقوعة بالماء.

4. مسح حبات الصنوبر بقطعة قماش قطنية، ثم قم بتحضير حبات الجوز بإزالة قشورها الداخلية ومن ثم قم بتقطيعها لقطعتين.

5. خلط جميع المواد المعدة بالخطوتين الثالثة والرابعة معاً، ومن ثم طهيها بالماء المحلى بالسكر.

6. خلط المواد المعدة بالخطوة الخامسة مع مسحوق الأرز المعد بالخطوة الأولى جيداً، ومن ثم قم بطهي الخليط بقدر حتى تحصل على عجينة الكعك المعدة من الأرز.

7. وضع طبقة رقيقة من مسحوق الصويا الأحمر بداخل قوالب مربعة الشكل، ثم قم بأخذ قطع من عجينة كعكة الأرز المعدة بالخطوة السادسة، ومن ثم قم بتغطيها بطبقة من مسحوق الصويا الأحمر، ومن ثم قم بوضعها بداخل القوالب عن طريق ضغطها باليد، وبعد إتمام عملية ملئ القوالب بعجينة الأرز قم بوضع قدر ثقيل فوق القوالب لمدة تتراوح ما بين ساعتين لثلاثة ساعات.

8. قم بإزالة قطع الكعك من القوالب، ومن ثم قم بتقطيعها لقطع صغيرة بحجم لقمة الفم.

كعكة دوتوب توك

(كعكة بونغ أُوري : طبق كعك الأرز بالفاصوليا الحمراء والجوز)

المكونات والمقادير

مكونات العجينة ومقاديرها أرز لزج 500 غم ، ملعقة كبيرة ونصف ملعقة من صلصة الصويا ، ثلاث ملاعق كبيرة من السكر ، ثلاث ملاعق كبيرة من العسل .

مكونات خلطة مسحوق الفصوليا الحمراء ومقاديرها أربعة أكواب من الفاصوليا الحمراء المزالة قشرتها الخارجية ، ملعقتان كبيرتان من صلصة الصويا ، أربع ملاعق من السكر ، خمس ملاعق من العسل ، نصف ملعقة صغيرة من مسحوق القرفة ، قليل من الفلفل الأسود .

مكونات حشوة الكعك ومقاديرها كستناء 100 غم ، جوز 40 غم ، صنوبر 25 غم ، نصف ملعقة صغيرة من قطع نبات الأُترج (عشب معطر) المعدة بمحلول شراب الأترج ، ملعقة كبيرة من شراب الأترج .

طريقةالإعداد

1. غسل الأرز بالماء جيداً، ثم نقعه بالماء لمدة ست ساعات، وبعد إتمام عملية نقعه قم بتصفيه من الماء وتركه لمدة ثلاثين دقيقة ليجف، وبعد جفافه قم بطحنه حتى تحصل على طحين من الأرز .
2. لإعداد عجينة الكعك، قم بإضافة صلصة الصويا لطحين الأرز وخلطه جيداً، ومن ثم قم بتنخيل الخليط عن طريق تمريره بمنخل، وبعدها أضف إليه كميات السكر والعسل المذكورة أعلاه .
3. نقع حبات الفاصوليا الحمراء بالماء لتليينها، ثم قم بإزالة قشورها وغسلها، ومن ثم قم بوضع قطعة قماش قطنية مبلولة في قدر به ماء يغلي، ثم قم بوضع حبات الفاصوليا الحمراء المقشرة فوقها، ومن ثم قم بطهيها على البخار .
4. قم بوضع حبات الفاصوليا الحمراء المسلوقة على البخار بطبق، ومن ثم قم بسحنها قليلاً وبعدها قم بتصفيتها من الماء .
5. إضافة الكميات المذكورة أعلاه من صلصة الصويا والعسل ومسحوق القرفة والفلفل الأسود الى مسحوق الفاصوليا الحمراء، ثم خلطها معاً جيداً، بعد إتمام عملية الخلط قم بقليها قليلاً وتصفيتها من الزيت، ثم قم بتقطيها على شكل مربعات.
6. قطع الأجزاء السفلية من حبات الصنوبر، ثم قم بتقطيع حبات الكستناء والعناب لقطع بحجم حبات الصنوبر، قم بتحضير حبات الجوز بإزالة قشورها، ومن ثم طحنها وطحن قطع نبات الأترج أيضاً.
7. قم بسكب شراب الأترج فوق المواد المعدة بالخطوة السادسة وخلطها معاً جيداً، ثم قم بتقطيع الخليط المتكون لكرات بحجم 1 سم، ومن ثم قم ببسط الكرات بضغطها باليد قليلاً.
8. ضع قطع الفاصوليا الحمراء المقلية والمقطعة على شكل مربعات المعدة بالخطوة الخامسة بقدر بخاري، ثم قم بوضع عدة طبقات متتالية فوق بعضها البعض من المواد التالية؛ مقدار مغرفة من الخليط المعد بالخطوة الثانية، ومن ثم ضع فوقها قطع الكرات المعدة بالخطوة السابعة، ثم قم بوضع طبقة من المكونات المعدة بالخطوة الثانية فوقها، ثم قم بوضع طبقة أخيرة من الخليط المعد بالخطوة الثانية فوقها، بهذه العملية تتكون معك كعكة من أربع طبقات، قم بإعادة نفس الخطوات السابقة بوضع نفس الطبقات فوق بعضها البعض لثلاثة مرات، حتى تتكون عندك كعكة من عدة طبقات، وبعد إتمام عملية وضع الطبقات فوق بعضها البعض قم بطهي قطع الكعك على البخار.
9. قم بعملية طهي قطع الكعك على مرحلتين، أولاهما على نار عالية لمدة خمسة عشرة دقيقة، والثانية على البخار بخفض الغاز تحتها لمدة خمسة دقائق أخرى، وبعد الانتهاء من عملية الطهي، قم بوضع قطع الكعك بطبق، ومن ثم قم برشها بما تبقى من الفاصوليا الحمراء، ثم تركها لتبرد.

ملاحظات

كان إعداد وتقديم مثل هذا النوع من الكعك الكوري التقليدي في قصر الملك في أعياد ميلاده من التقاليد المتعارف عليها بين حاشية الملك، وكان ذلك يعتبر فرضا متعارفا عليهما في القصور الملكية، وقد جاء ذكر طريقة تحضير هذه الكعكة في كثير من كتب الأطعمة القديمة، ويعد مثل هذا النوع من الكعك المعد من الأرز والمطهي على البخار والمتبل بصلصة الصويا، والذي كان يقدم في قصورالملوك، نموذجاً من نماذج الكعك الكوري التقليدي. وأصل اسم هذه الكعكة الكورية التقليدية هو « بونغ أوري « (القمة ، أو الذروة) والتي تُهجأ باللغة الصينية ب هوبيونغ، ويرجع تسميتها تحت اسم بونغ أوري لأنه بالإمكان غرفها واحدةً واحدةً ووضعها بطبق صغير من الفخار ، ولأنها تعد كومة كومة أو على شكل أكوام أو طبقات، وقد ذُكر في أحد الكتب الكورية أن مثل هذا الكعك كان يعتبر من الأطعمة الموسمية في مدينة سيول.

كعكة بام دانجا
(طبق كرات الأرز الحلوة بالكستناء)

المكونات والمقادير

أرز لزج 330 غم، كستناء 160 غم، نصف كوب من مسحوق القرفة، ملعقة كبيرة من قطع ثمار المندرين (مندرين منقوع بالعسل) أو قطع من كعك الأترج، ملعقة كبيرة من العسل ، ماء ، ملح.

طريقة الإعداد

1. نقع الأرز اللزج بالماء لمدة لا تقل عن ساعتين، وبعدها القيام بتصفية الماء منه ، ومن ثم طحنه حتى الحصول على طحين من الأرز.
2. ضع قطعة قماش قطنية بداخل قدر بخار، ثم قم بوضع طحين الأرز فوقها، ومن ثم قم بطهيه على البخار، وبعد الانتهاء من عملية الطهي، قم بوضعه بطبق وبعجنه عن طريق تهريسه بملعقة.
3. سلق حبات الكستناء بقدر ثم غليها بالماء، ومن ثم قم بإزالة قشورها، وبعدها قم بسحنها وطحنها للحصول على مسحوق الكستناء.
4. لإعداد حشوة الكعكة : قم بتقطيع قطع كعك الأترج لقطع صغيرة، ومن ثم أضف إليها الكميات المذكورة أعلاه من مسحوق القرفة وثلث كوب من مسحوق الكستناء والملح وخلطها معاً بشكل جيد، ثم قم بعمل قطع دائرية من الخليط بقطر 0.8 سم.
5. قطع كتل صغيرة من عجينة الأرز المعدة بالخطوة الثانية، ثم قم بالعمل منها عجينة كعك بحجم حبات الكستناء، ومن ثم قم بحشيها من الحشوة المعدة بالخطوة الرابعة، بوضع كميات من الحشوة بداخل قطع عجينة الأرز، وأخيراً قم بتغطيتها بطبقة من العسل وما تبقى من حبات الكستناء المطحونة.

كعكة أُوميكي توك

(طبق كعكة أوميكي المعدّة من الأرز)*

المكونات والمقادير

مسحوق الأرز اللزج 500 غم، مسحوق الأرز الغير اللزج 150 غم، نصف كوب من نبيذ الأرز الغير مكرر (الماكولي)، ثلث كوب من السكر، ملعقتان كبيرتان من الماء، نصف ملعقة كبيرة من الملح، كوبان من زيت القلي ، قليل من العناب.

مكونات شراب التحلية : كوب من شراب الحبوب المركز، ماء 100 ملل ، زنجبيل 10 غم.

طريقة الإعداد

1. خلط مسحوق الأرز اللزج ومسحوق الأرز العادي وتنخيل الخليط ، ثم أضف إليه الملح والسكر.
2. إضافة نبيذ الأرز الغير مكرر الى الخليط المعد أعلاه ثم خلطه بشكل جيد ، ومن ثم أضف إليه ماء مغلي ثم قم بعملية عجنه حتى الحصول على عجينة متماسكة.
3. تقطيع العجينة لكرات صغيرة بقطر 3 سم وبسماكة 1 سم، ومن ثم قم بعملية الضغط قليلاً على أسفل وأعلى كرات العجينة باليد.
4. قلي الكرات المعدة بالخطوة الثالثة بزيت قلي تحت درجة حرارة 180 درجة مئوية حتى يصبح لونها بني على ذهبي (هذا يسمى باللغة الكورية أوميكي).
5. تخفيض درجة الحرارة لدرجة 150 درجة مئوية مع الاستمرار بعملية القلي.
6. لإعداد شراب التحلية ، قم بخلط شراب الحبوب المركز بقليل من الماء المحتوي على الزنجبيل، ومن ثم غلي المحلول حتى درجة الغليان.
7. نقع قطع الكعك الكروية بالشراب التحلية المعد بالخطوة السادسة لفترة وجيزة من الزمن، ومن ثم قم بوضعها في صينية مبسطة.
8. رش قطع الكعك المعدة أعلاه بقطع من العناب.

ملاحظات

تعد هذه الكعكة الكورية التقليدية المعدة من الأرز والعسل والمقلية بالزيت سهلة الإعداد ومن مميزاتها أنها لا تجف ولا تتصلب بسهولة ، حيث أنها تحافظ على ليونتها لمدة طويلة ، وكثيراً ما يُعدّ الكوريون مثل هذا النوع من الكعك في موسم حصاد الأرز حيث المحاصيل الجديدة الطازجة من الأرز ، وعادة ما يُعدّ هذا النوع من الكعك التقليدي بالحفلات ، وهناك قول دارج بين الكوريين : « لا حفلة بدون كعكة أوميكي « أي أن أية حفلة بدون هذه الكعكة لا تعد حفلة .

*يؤكل هذا النوع من الحلوى المقلية كوجبة خفيفة عادة.

فطيرة ميجاك كوا
(طبق فطائر الزنجبيل المقلية)

المكونات والمقادير

طحين 110 غم، نصف ملعقة صغيرة من الملح، ملعقة كبيرة من عصارة الزنجبيل، ثلاث لأربع ملاعق كبيرة من الماء، مسحوق النشا، ثلاثة أكواب من زيت القلي، ملعقة كبيرة من الصنوبر المجروش.

مكونات شراب التحلية ومقاديرها سكر 150 غم، ماء 200 ملل، ملعقتان كبيرتان من العسل، نصف ملعقة صغيرة من مسحوق القرفة.

طريقة الإعداد

1. إضافة الملح للطحين ثم تنخيله بالمنخل، ومن ثم أضف إليه الكميات المذكورة أعلاه من الماء وعصارة الزنجبيل، وبعدها قم بخلطه وعجنه حتى تحصل على عجينة متماسكة.
2. رش مسحوق النشا على قطعة خشبية، ثم ضع فوقها العجينة المعدة بالخطوة الأولى، ومن ثم قم بترقيق العجينة بالشوبك لطبقة رقيقة ، ثم قم بتقطيعها لقطع مستطيلة الشكل بطول 5 سم وبعرض 2 سم ومن ثم قم بعمل ثلاثة شقوق طولية في منتصف كل قطعة.
3. طوي طرف كل قطعة من العجينة في الشق الأوسط منها.
4. طريقة إعداد شراب التحلية : إضافة كميات السكر والماء المذكورة أعلاه، ومن ثم قم بغليها حتى درجة الغليان مع مراعاة عدم تحريك محلول الشراب أثناء عملية الغلي، وبعد ذوبان كمية السكربالماء أضف إليه كمية العسل، ومن ثم الاستمرار بعملية الغلي على نار هادئة لمدة ما يقارب عشرة دقائق، وبعدها أضف إليه مسحوق القرفة وخلطه بشكل جيد.
5. تسخين زيت القلي بمقلاة لدرجة حرارة 160 درجة مئوية ومن ثم قم بقلي قطع العجينة المستطيلة المعدة بالخطوة الثالثة حتى يصبح لونها بني ذهبي (تسمى هذه القطع المقلية بالفطائر).
6. قم بغمس قطع الفطائر المقلية بشراب التحلية، وتعد الفطائر جاهزة الآن.
7. ضع الفطائر بطبق ثم قم برشها بالصنوبر المجروش.

ملاحظات

تعد فطيرة ميجاك كوا المعدة من الطحين والمقلية بالزيت والمغموسة بالعسل نوعاً من أنواع السكريات والفطائرالكورية التقليدية، وجاءت تسميتها بهذا الإسم من زهرة المشمش اليابانية وعصفور الدوري حيث أن شكل هذا النوع من الفطائر يشابه عصفور الدوري جالساً على شجرة المشمش اليابانية.

حلويات باكجا بيون

(طبق حلويات جوز الصنوبر بالعسل)

هناك طريقتان لإعداد هذه الحلويات :

الطريقة الأولى :

المكونات والمقادير

كوب من جوز الصنوبر.

مكونات شراب التحلية ومقاديرها شراب الدكستروز **25** غم، سكر **25** غم، ثلث ملعقة صغيرة من الخل، ملح، زيت قلي.

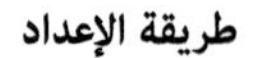

طريقة الإعداد

1. إزالة قلنسوة جوز الصنوبر، ومن ثم مسحها بقطعة قماش جافة.

2. لإعداد شراب التحلية ، قم بخلط كمية السكر المذكورة أعلاه بشراب الدكستروز مع قليل من الملح بقدر، ثم قم بغليها على نار هادئة حتى ذوبان المكونات، وبعد إتمام عملية الذوبان قم بإضافة كمية الخل المذكورة أعلاه ومن ثم قم بغلي الخليط مرة ثانية، مع مراعاة عدم تصلب وتجمد محلول شراب التحلية أثناء عملية الغلي.

3. تحميص حبات جوز الصنوبرعلى نارهادئة بمقلاة جافة.

4. خلط حبات الصنوبر المحمصة مع شراب التحلية المعد بالخطوة الثانية.

5. وضع زيت بقالب الحلوى المطلي بمادة غلوتين الدقيق، ثم قم بوضع حبات الصنوبر المغموسة بشراب التحلية المعدة بالخطوة الرابعة بداخله، ومن ثم قم ببسطها بالقالب بشكل رقيق بسماكة **1** سم.

6. بعد إتمام عملية بسط حبات الجوز بالقالب، قم بتقطيعها بسرعة قبل تصلبها لقطع بحجم **2.5×3** سم

2

3

4

5

ملاحظات

يشتهر مثل هذا النوع من الحلويات في منطقة كابيونغ، حيث تقوم هذه المنطقة بإنتاج ٧٠ بالمئة من المحصول الزراعي لجوز الصنوبر في كوريا ، ويقوم سكان تلك المنطقة بتقديم مثل هذا النوع من الحلويات المعدة بالصنوبرعادة للضيوف الأعزاء وفي المناسبات والمهرجانات الخاصة، وللحصول على نكهة خاصة ورائحة عطرة لمثل هذا النوع من الحلوى بإمكانك إضافة حشيش الملائكة عليها .

فطيرة سيويو هيانغ بيونغ

(طبق فطائر معدة باليام - نوع من البطاطا الحلوة - وبالعسل)

المكونات والمقادير

بطاطا اليام 300 غم، نصف كوب من الصنوبر المجروش، مسحوق الأرز اللزج 50 غم، نصف كوب من العسل، زيت قلي.

طريقة الإعداد

1. غسل بطاطا اليام بالماء بشكل جيد، ومن ثم قم بتقشيرها وتقطيعها لقطع رقيقة.
2. سلق قطع البطاطا بالماء على نار عالية لمدة سبع دقائق.
3. غمس قطع البطاطا المسلوقة بالعسل.
4. قم بتغطية قطع البطاطا المعسلة بطبقة من مسحوق الأرز اللزج، ومن ثم قم بقليها بزيت قلي على درجة حرارة 170 درجة مئوية.
5. قم برش قطع البطاطا المقلية بالصنوبر المجروش قبل أن تبرد.

شراب موكوا تشيونغ كوا هوتشي

(شراب السفرجل الأصفر)

المكونات والمقادير

ثلاثة كيلو غرامات من السفرجل الأصفر، مندرين 180 غم، كوبان من السكر، ملعقتان كبيرتان من الصنوبر.

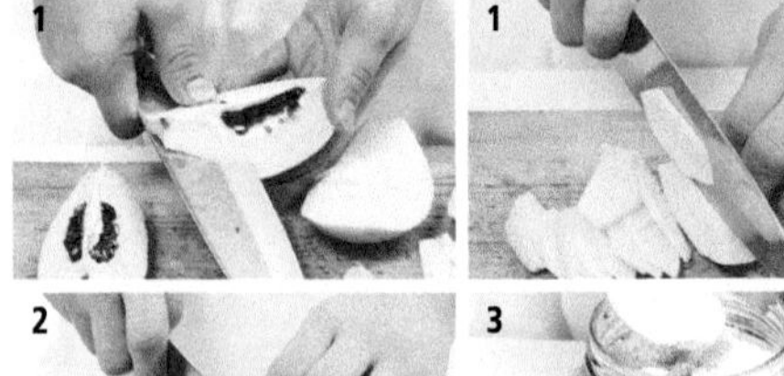

طريقة الإعداد

1. تقشير السفرجل الأصفر، ومن ثم قم بتقطيعه لقطع بسماكة 1 سم.
2. تقطيع المندرين، دون تقشيرها ، لقطع بسماكة 0.5 سم.
3. رش كمية السكر المذكورة أعلاه فوق قطع المندرين والسفرجل، ثم قم بتصفيطها، بوضعها قطعة فوق قطعة، لعدة طبقات بداخل مرطبان، ثم قم بوضع الكثير من السكر عليها، ومن ثم قم بإغلاق المرطبان إغلاقاً محكماً.
4. بعد عشرين يوم قم بإخراج قطع المندرين والسفرجل من المرطبان ، ثم قم بوضعها بطبق مع إضافة ماء عليها وبالإمكان إضافة حبات من الصنوبر فوقها.

محافظة كوانغ وان دو

تُقسّم محافظة كوانغ وان دو إلى منطقتين مفصولتين جغرافيا بسلسلة جبال تايبيك وهما منطقة يونغ دونغ ومنطقة يونغ سو وتشتهر المناطق المحاذية للسواحل البحرية في منطقة يونغ دونغ بالأطعمة المتنوعة من المنتجات البحرية ومشتقاتها، كصلصات متعددة من الأسماك الملحة وطبق شيكهي (طبق الأسماك المخللة) اللتان تعدان من منتجات الأطعمة المحفوظة بالتمليح في هذه المنطقة ، وهناك أنوا ع أخرى من الأطباق التي تطبخ بالخضار والأعشاب الجبلية والمنتجات البحرية مثل الملفوف والسمسم والطحالب البحرية وأعشاب الكِلب والأسماك المختلفة.
أما بالنسبة للأطعمة في منطقة يونغ سو التي تختلف جغرافياً ومناخياً عن منطقة يونغ دونغ فتمتاز المنطقة بسلسلة من الجبال الشاهقة، فلذلك الأطباق في هذه المنطقة مختلفة عن الأطباق المعدة بمنطقة يونغ دونغ. تعد الأطباق عادة في هذه المنطقة من مواد عديدة مثل البطاطا، الذرة، الحنطة السوداء، الشعير وأنوا ع مختلفة من الخضار. وعندما كان محصول الأرز في هذه المنطقة غير كاف في الزمن القديم، تناول السكان فيها الأرز المختلط مع البطاطس والبطاطا الحلوة والذرة والملت عند وجباتهم.

أوجبة كوندالبي باب

(أرز كوندوري ، كوندوري ناموول باب ، طبق الأرز بالخضارالمتبلة)

المكونات والمقادير

أرز 360 غم، خضار كوندالبي 300 غم، ماء 470 ملل، معلقتان كبيرتان من زيت السمسم البري، ملح.

طريقة الإعداد

1. غسل الأرز بالماء ، ومن ثم نقعه بالماء لمدة ثلاثين دقيقة .
2. سلق الكوندالبي بالماء ثم غسله بماء بارد وتصفية الماء منه ، ثم قم بتقطيعه لقطع بطول 3- 5 سم .
3. تتبيل قطع الكوندالبي المغلية بزيت السمسم البري والملح .
4. طهي الأرز بالطريقة الكورية.
5. وضع قطع الكوندالبي المتبلة فوق الأرز ثم طهيها معاً لبضعة دقائق ، بعد الانتهاء من عملية الطهي قم بخلط الأرز والكوندالبي بشكل جيد ، ثم تقديمه بطبق .

ملاحظات

الكوندالبي هو نوع من الخضار البرية التي يحصل عليها في جبل تايبيك،
حيث ينمو هذا النوع من الخضار هناك في منطقة يبلغ ارتفاعها 700 متر فوق سطح البحر ، وموسم هذا الخضار في شهر مايو من كل سنة ويمتاز هذا النبات بنكهة لذيذة عطرة وبقيمة غذائية عالية وبرائحة عطرة . وكان هذا النوع من الخضار طعام الفقراء لما فيه من قيمة غذائية عالية في الماضي، كما جاء ذلك في كلمات الأغنية الكورية الشعبية الشهيرة « جيونغسون آريرانغ « .

وجبة جوكامجا باب
(طبق الجاورس بالبطاطا)

المكونات والمقادير

الجاورس **290** غم، بطاطا **450** غم ، ماء **470** ملل.

طريقة الإعداد

1. غسل الجاورس بالماء، ومن ثم نقعه بالماء لمدة ثلاثين دقيقة
2. غسل حبات البطاطا بالماء ثم تقشيرها
3. وضع الجاورس وحبات البطاطا المقشرة داخل قدر به ماء ، ومن ثم قم بسلقهما حتى درجة الغليان
4. وبعد أن تصبح حبات البطاطا مطهية جيداً، قم بخفض الغاز تحت القدر مع الاستمرار بعملية الطهي لبضعة دقائق، وبعد إتمام عملية الطهي قم بهرس حبات البطاطا وخلطها بالجاورس.

ملاحظات

في الماضي كانت تعد هذه الوجبة من أهم الوجبات الغذائية للفقراء وذلك لما تحتويه على القيمة الغذائية العالية،

حيث تناول الكوريون هذه الوجبة بدلا من الأرز الذي كان غير متوفر في أيام الجفاف والمجاعة.

وجبة تشال أوك سوسو نينغ كيون باب

(طبق الذرة)

المكونات والمقادير

حبات ذرة نينغ كيون **290** غم، فاصوليا حمراء **210** غم، كوب من السكر، ماء، ملح.

طريقة الإعداد

1. غسل الذرة ومن ثم نقعها بالماء لليلة كاملة.
2. خلط حبات الذرة المنقوعة مع الفصوليا الحمراء، ومن ثم قم بغلي الخليط بقدر به ماء.
3. بعد إتمام عملية طهي الذرة والفاصوليا، قم بإضافة كميات السكر والملح المذكورة أعلاه، ومن ثم قم بطهي المحتويات على نارهادئة، مع مراعاة تحريك الطبخة بشكل مستمر، مع الحذر من عدم احتراقها خلال عملية الطهي.

ملاحظات

كلمة « نينغ كيون « هي مصطلح دال على عملية إضافة الماء على أكواز الذرة ثم غليها بالماء وذلك لإزالة قشورها الخارجية

وجبة هوباك دولكي جوك
(طبق عصيدة باليقطين والسمسم البري)

المكونات والمقادير

يقطين ناضج 400 غم، أرز 360 غم، خمس ملاعق كبيرة من السمسم البري ، صنوبر، لترين من الماء، معلقتان كبيرتان من الملح، ملعقة كبيرة من السكر.

طريقة الإعداد

1. تقشير اليقطين ثم إزالة بذورها الداخلية، ومن ثم قم بتقطيعها لقطع صغيرة بحجم لقمة الفم، وبعدها قم بإضافة كوبين من الماء الى قدر، ثم قم بسلق قطع اليقطين به لدرجة الغليان.
2. هرس قطع اليقطين المسلوقة، ومن ثم قم بتصفية الماء منها.
3. تحميص حبوب السمسم، ومن ثم قم بسحنها ودقها بمدق أو الهاون، وبعد إتمام طحنها قم بوضع المسحوق بالماء ومن ثم تصفية الماء منه، مع مراعاة حفظ ماء السمسم المصفى بطبق آخر.
4. قم بسكب ماء السمسم المعد بالخطوة الثالثة على قطع اليقطين المهروسه المعدة بالخطوة الثانية، ومن ثم قم بغليها بالماء، وبعد إتمام عملية الغلي قم بإضافة الكميات المذكورة أعلاه من الأرز والملح، ومن ثم قم بطهيها جميعها معاً بشكل جيد.

ملاحظات

للأشخاص الذين يفضلون المذاق الحلو ، بالإمكان إعداد هذه الوجبة بإضافة سكر واليقطين في الخطوة الأخيرة من إعدادها ويعود ذلك حسب الذوق الشخصي.

وجبة ماك كوك س

(طبق معكرونة الحنطة السوداء بالخضار)

المكونات والمقادير

كوبان ونصف من الحنطة السوداء ، طحين 160 غم، حساء دونغ تشيمشي (حساء الفجل المخلل البارد) 400 ملل، نصف ملفوفة كمشي، نصف فجلة من دونغ تشيمشي، خيار 150 غم، بيض 50 غم، ماء لإعداد العجينة 200 ملل، ملعقة صغيرة من الثوم المسحون ، ملعقة صغيرة من زيت السمسم، ملعقة صغيرة من السمسم المطحون، صلصة الصويا، ملح.

مكونات حساء الدجاج ومقاديرها دجاج 200 غم، فجل 100 غم، أعشاب الكِلب 10 غم، بصل 80 غم، زنجبيل 10 غم، بصل أخضر 10 غم، فصان من الثوم، ليتر واحد من الماء.

طريقة الإعداد

1. لإعداد حساء الدجاج، طهي جميع مكونات حساء الدجاج المذكورة أعلاه بقدرحتى درجة الغليان، وبعد إتمام عملية الطهي ترك الحساء لفترة من الوقت حتى يبرد، من ثم قم بإزالة الطبقة الدهنية المتكونة على سطحه، ثم قم بإضافة حساء الدونغ تشيمشي والملح، ثم قم بتقطيع الدجاج لقطع كبيرة، ومن ثم قم بتتبيلها بالثوم المسحوق وزيت السمسم والسمسم المطحون.
2. خلط الحنطة السوداء مع الطحين بشكل جيد، ومن ثم قم بخلطه بماء حار ثم عجنه حتى تتكون عجينة المعكرونة، ومن ثم قم بوضع العجينة بجهاز تقطيع العجين وإعدادها على شكل المعكرونة.
3. تقطيع الخيار لقطع طولية ثم تمليحها بالملح ، ثم قم بتقطيع فجل دونغ تشيمشي لقطع رقيقة، ومن ثم تقطيع الكمشي لقطع بحجم 1 سم.
4. سلق المعكرونة المعدة بالحنطة السوداء بالماء ، ومن ثم غسلها بماء بارد بغمسها به، ومن ثم قم بإزالة الماء منها عن طريق نفضها عدة مرا ت .
5. وضع المعكرونة المغسولة بإناء ثم أضف إليها قطع الخيار وقطع الكمشي والفجل وشرائح البيض المقلي، ومن ثم اسكب فوقها حساء الدجاج البارد المعد بالخطوة الأولى ، ثم أضف إليها صلصة الصويا وقليل من الملح.

ملاحظات

تشتهر مثل هذه الوجبة في محافظة كوانغ وان دو، حيث يعد هذا الإقليم من أكبر منتجي الحنطة السوداء، ويعود ذلك لموقعه الجغرافي المميز ولوقوعه على هضاب جاعلة من المنطقة مناخاً ملائماً لزراعة الحنطة السوداء المميزة بمذاق مميز.

وفي القديم كانت تعد المعكرونة بتقطيع العجيبة بالسكين، ومع تقدم التقنية أصبحت تعد بآلة إعداد المعكرونة، لذلك أصبح من السهل إعداد مثل هذه الوجبة لأن معظم البيوت تحتوي على آلة إعداد المعكرونة، وفي الماضي كانت تؤكل هذه الوجبة كوجبة خفيفة في الليل ولكنها أصبحت طعاماً مشهوراً يُؤكل في كافة الأوقات والمواسم، ويمتاز منتوج محافظة كوانغ وان دو من الحنطة السوداء بطعم خاص، فلذلك فإن للمعكرونة المعدة من الحنطة السوداء من محافظة كوانغ وان دو مذاق مميز ومختلف عن مذاقات أنواع المعكرونة الأخرى، وللحصول على مذاق وطعم شهي ينصح عادة أكل مثل هذه الوجبة بخلطها بنصف طبق من حساء الكمشي ونصف طبق من حساء الدجاج المبرد.

وجبة تشي ماندو
(طبق معجنات الحنطة السوداء)

المكونات والمقادير

ثلاثة أكواب من طحين الحنطة السوداء (أو طحين البطاطس)، جات كمشي (كمشي معد بالخردل) 200 غم، خضار مجففة 200 غم، ماء لإعداد العجينة 150 ملل، زيت السمسم البري.

مكونات التتبيلة ومقاديرها بصل أخضر مقطع لقطع كبيرة، ثوم مسحون، ملح، زيت سمسم، فلفل أسود مطحون.

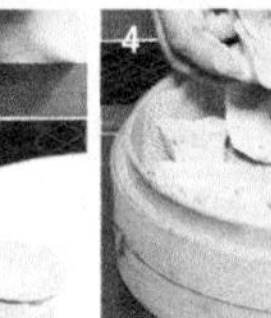

طريقة الإعداد

1. خلط طحين الحنطة السوداء (أو طحين البطاطس) بالماء، ومن ثم قم بعجن العجينة بشكل جيد.
2. لإعداد الحشوة قم بتقطيع جات كمشي لقطع بطول 0.5 سم، ثم قم بغلي الخضار المجففة ومن ثم تقطيعها لقطع كبيرة نسبياً، ثم أضف التتبيلة إليها وقم بخلطها بشكل جيد.
3. قم بتقطيع العجينة المعدة بالخطوة الأولى لكريات صغيرة، ثم قم بترقيق قطع العجينة بالشوبك، ومن ثم قم بوضع كميات مناسبة من الحشوة الداخلية المعدة بالخطوة الثانية في منتصف كل قطعة من قطع العجين ، ومن ثم قم بطوي كلا الجانبين وإغلاقها عن طريق الضغط على أطرافها بأصابع اليد (مثل طريقة إعداد القطايف).
4. وضع الكرات المحشية بداخل قدر بخار، ومن ثم قم بطهيها على البخار لمدة عشرين دقيقة، وبعد الانتهاء من عملية طهيها قم بوضع زيت السمسم البري على الكريات المحشية.

ملاحظات

من المفضل تقديم مثل هذا الطبق من المعجنات مع طبق جانبي من الجات كمشي وذلك بعد غسله بالماء وتقطيعه لقطع صغيرة.

وجبة أوجينغوو بلكوكي

(طبق الحبّار المشوي)*

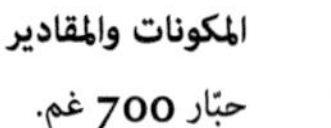

المكونات والمقادير

حبّار 700 غم.

مكونات صلصة التتبيلة ومقاديرها ؛ ثلاثة ملاعق كبيرة من صلصة الصويا، ملعقة كبيرة من السكر ملعقة كبيرة من البصل الأخضر المقطع، ملعقة كبيرة من الثوم المسحون.

طريقة الإعداد

1. لإعداد صلصة التتبيلة، قم بخلط مكونات صلصة التتبيلة المذكورة أعلاه من صلصة الصويا والسكر والبصل الأخضر والثوم المسحون، ومن ثم قم بخلطها معاً بشكل جيد.
2. تنظيف الحبار بإزالة أحشاءه وقطع أرجله وإزالة القشرة الخارجية عنه، ومن ثم قم بفتح جسم الحباروفرده وعمل عدة أثلام على جسمه بطول 1 سم، ومن ثم قم بتتبيله بصلصة التتبيلة.
3. شوي الحبار المتبل بشواية على النار.
4. بعد إتمام عملية شوي الحبار قم بتقطيعه لقطع بطول 2 سم.

ملاحظات

لتجنب التصاق جسد الحبار بالشواية أثناء عملية الشوي، بإمكانك وضع سائل الخل على شبكة الشواية قبل عملية الشوي، وكذلك بإمكانك إضافة معجون الفلفل الأحمر الحار لصلصة التتبيلة، وللحصول على مذاق مميز وشهي بإمكانك إعداد هذه الوجبة بإضافة حبار نصف مجفف.

*. يُفضل تتبيل هذا النوع من الأطعمة البحرية ذات العضلات الصعبة المضغ بالتتبيلة المستخدمة بتتبيل لحم البلكوكي

وجبة كوندالبي كونغشي جوريم

(طبق سمك الإسْقُمْري بالخضا)

المكونات والمقادير

خضارالكوندالبي 200 غم، سمك الإسْقُمْري 220 غم، بصل 50 غم، فلفل أخضر 30 غم، زنجبيل 10 غم، ماء 400 ملل، نصف ملعقة كبيرة من معجون الفلفل الأحمر الحار ، قليل من الملح.

مكونات صلصة التتبيلة ومقاديرها ملعقتان كبيرتان من صلصة الصويا، ملعقة كبيرة من الثوم المسحون، ملعقة كبيرة من البصل الأخضر المقطع، ملعقة كبيرة من نبيذ الأرز المكرر، ملعقة كبيرة من مسحوق الفلفل الأحمر الحار.

طريقة الإعداد

1. وضع كمية من الملح بقدر به ماء مغلي ، ومن ثم أضف إليه خضار الكوندالبي ، ومن ثم قم بغلي بغليها حتى تصبح لينة، وبعد ليونتها قم بغسلها عن طريق غمسها بماء بارد.
2. تنظيف أسماك الإسْقُمْري بإزالة أحشائها ورؤوسها، ومن ثم غسلها بالماء بشكل جيد.
3. تقطيع البصل والزنجبيل لقطع بسمك 0.3 سم، ومن ثم قم بتقطيع الفلفل الأخضر بشكل مائل لقطع بحجم 0.3 سم.
4. لإعداد صلصة التتبيلة، قم بخلط مكونات التتبيلة المذكورة أعلاه بشكل جيد.
5. فرد خضار الكونالبي المغلية وبسطها بداخل قدر، ثم أضف إليها ماء، ومن ثم أضف إليها كل من معجون الفلفل الأحمر وأسماك الإسْقُمْري المنظفة وقطع البصل والزنجبيل والفلفل الأخضر.
6. أضف الى قدر أعلاه صلصة الصويا، ثم قم بعملية تتبيل الأسماك، ومن ثم قم بطهيها بالقدر على نار هادئة.

وجبة تاك كالبي
(طبق ضلوع الدجاج المقلية)*

المكونات والمقادير

دجاج 800 غم، ملفوف 100 غم، بطاطا حلوة 50 غم، بصل 50 غم، بصل أخضر 70 غم، قرون فلفل خضراء صغيرة 30 غم، ملفوفتان من الملفوف الصيني، أوراق نبات السمسم 10 غم، قليل من الخس، كاري توك (قطع من كعك الأرز)، زيت قلي.

مكونات صلصة معجون الفلفل الأحمر ومقاديرها ملعقتان كبيرتان من معجون الفلفل الأحمرالحار ملعقة كبيرة من صلصة الصويا ، ملعقة كبيرة من مسحوق الفلفل الأحمر الحار، ثوم ٢٥ غم، زنجبيل 10 غم، ملعقة كبيرة من السكر، ملعقة صغيرة من زيت السمسم، ملعقة كبيرة من نبيذ الأرز المكرر، ثمار الآجاص 50 غم، ملح، قليل من حبات السمسم.

طريقة الإعداد

1. غسل الدجاجة بالماء بشكل جيد، ومن ثم قم بتقطيعها للعديد من القطع.
2. فرك حبات الآجاص على الشعرية لتفتيتها لقطع دقيقة، ثم قم بتقطيع الثوم والزنجبيل لقطع دقيقة، ومن ثم قم بإعداد مكونات صلصة معجون الفلفل الأحمر بخلط مكوناتها المذكورة أعلاه.
3. إضافة صلصة معجون الفلفل الأحمر لقطع الدجاج وخلطها جميعها معاً بشكل جيد ، ثم قم بتركها منقوعة بالصلصة لمدة تتراوح ما بين سبع الى ثماني ساعات.
4. تقطيع كل من الملفوف والبطاطا الحلوة والبصل والفلفل والبصل الأخضر والملفوف الصيني لقطع بحجم (0.5×0.5×5 سم).
5. وضع كل من الخضار المقطعة وقطع كعك الأرز وقطع الدجاج المتبلة بمقلاة بها زيت ، ثم قم بقليها معاً مع مراعاة تحريكها المستمر أثناء عملية القلي، وبعد طهي قطع الدجاج بشكل جيد، قم بتقطيعها لقطع صغيرة بحجم لقمة الفم.
6. غسل أوراق الخس وأوراق نبات السمسم ثم تقديمها كأطباق جانبية مع الوجبة المعدة أعلاه.

ملاحظات

يعود تاريخ هذه الوجبة المعدة بطريقة مستخدمة في مدينة تشون تشن لعصر مملكة شيلا التاريخية، وذلك قبل حوالي ما يقارب 1400 سنة، ويعد السكان في منطقة هونغ تشون أول من أطلق اسم « تاك كالبي » على هذه الوجبة التي مازالت تحافظ وتحمل نفس الاسم حتى أيامنا هذه. تؤكل هذه الوجبة المشهورة بشكل واسع في منطقة هونغ تشون وبمنطقة تاباك، ومنذ عام 1971 أصبحت هذه الوجبة تُعرف بإسم هونغ تشون تاك كالبي في جميع أنحاء كوريا، وفي قديم الزمان كانت تعد وجبة الدجاج هذه في منطقة هونغ تشون عن طريق شوي الدجاج على الفحم.

*. وجبة التاك كالبي المشوية أو المقلية مشهورة جداً.

وجبة كامجا جون
(طبق فطيرة البطاطا بالخضار)

المكونات والمقا دير

بطاطا 1 كغم، كُرّاث 50 غم، بصل أخضر 20 غم، قرون فلفل خضراء 60 غم، فلفل أحمر حار 60 غم، زيت قلي، قليل من الملح.

طريقة الإعداد

1. غسل حبات البطاطا بالماء ثم تقشيرها، ومن ثم قم بهرسها على الشعرية.
2. تقطيع الكراث والبصل الأخضر لقطع بطول 2 سم، ومن ثم قم بتقطيع قرون الفلفل الخضراء والحمراء الحارة ثم غسل القطع بالماء، ومن ثم قم بإزالة بذورها.
3. خلط الكميات المذكورة من البطاطا المهروسه والنشا وقطع الكراث والبصل الأخضر معاً بشكل جيد، وبعد إتمام عملية الخلط قم بتمليح الخليط بالملح.
4. وضع الخليط المعد بالخطوة الثالثة بمقلاة بها زيت، ثم أضف فوقه قطع الفلفل الأحمر والأخضر، ومن ثم قم بقلي كلا جانبي الخليط السفلي والعلوي بالزيت حتى يصبح لونه بني ذهبي، وبعدها تعد الفطيرة جاهزة للأكل.

فطيرة ميمل تشونغ توك
(فطيرة معدة من الحنطة السوداء)*

المكونات والمقادير

كوبان من الحنطة السوداء ، ماء 600 ملل، ملعقة صغيرة من الملح، قليل من زيت القلي.

مكونات حشوة الفطيرة ومقاديرها ؛ جات كمشي (نوع من الكمشي معد بالخردل) 300 غم، ملعقة كبيرة من البصل الأخضر المقطع، ملعقة كبيرة من الثوم المسحون، ملعقتان كبيرتان من زيت السمسم، ملعقتان كبيرتان من السمسم المطحون.

طريقة الإعداد

1. إضافة ملح لطحين الحنطة السوداء ثم أضف إليه كمية الماء المذكورة أعلاه، ومن ثم خلطها جيداً.
2. قم بإزالة تتبيلة الخردل الموجودة على أوراق جات كمشي وذلك بنفضها قليلاً ، ثم عصرها باليد لإزالة الماء منها، ومن ثم قم بتقطيع أوراق الكمشي لقطع صغيرة.
3. لإعداد حشوة الفطيرة، قم بخلط قطع أوراق الكمشي بالكميات المذكورة أعلاه من البصل الأخضر المقطع والثوم المسحون وزيت السمسم والسمسم المطحون، ومن ثم قم بخلطها معاً بشكل جيد.
4. وضع خليط الحنطة السوداء بمقلاة بها زيت على شكل طبقة رقيقة.
5. قم بعملية قلي خليط الحنطة السوداء، وبعد قلي الوجه الأول قم بقلبها وقلي الوجه الآخر منها، وبعد قلي كلا الجانبين قم بإضافة الحشوة بشكل أفقي فوقها حتى تغطية ثلث سطحها، ومن ثم قم بلف وطوي الثلثين المتبقين منها فوق الثلث المحشي، وبعد إتمام عملية الحشي قم بقلي الفطيرة لفترة وجيزة.

ملاحظات

تعود زراعة الحنطة السوداء الى الأزمنة القديمة وذلك لما لهذه الحنطة القدرة على التحمل والنمو تحت ظروف زراعية ومناخية صعبة وذلك حسب ما جاء ذكره في كتاب « كوهوانغ بيوك كوك بانغ « الذي يرجع تاريخ تأليفه لفترة حكم الملك سيجونغ في عصر مملكة تشوسون ، وقد وجاء ذكرهذه الفطيرة تحت اسم « كيون جون بيونغ « في كتاب « يوروك « المنشور بعام 1680، وفي نهاية عام 1600 تم ذكرها في كتاب « جوبانغ مون « تحت اسم «جيوم جول بيونغ بيوب «. لقد أستخدم مصطلح « تشونغ توك « لأول مرة في عام 1938 كما جاء ذكره في كتاب « الطهي بفترة عصر مملكة تشوسون « . وتعد زراعة الحنطة السوداء، التي تعتبر من إحدى المكونات الرئيسية في إعداد فطيرة ميمل تشونغ توك (كعك الأرز الكوري التقليدي المعد من الحنطة السوداء)، تعد من إحدى المحاصيل الزراعية الرئيسية والمشهورة في محافظة كوانغ وان دو ، وتعود شهرة محصول هذا النوع من الحنطة السوداء لمحافظة كوانغ وان دو، وذلك لما تتمتع به المحافظة من مناخ زراعي ملائم حيث هناك المناطق العالية الارتفاع والتربة الصخرية الملائمة لنمو النوعية الممتازة من الحنطة السوداء، وتنمو الحنطة السوداء أيضاً في محافظة كيونغ سانغ بوك دو ويماثل ذلك لمحصول « بينغ توك « في جزيرة تشي جودو.

بالإمكان استخدام خلطة « نيونغ جانغ إيه نامول « (نوع من تتبيلة الخضار) أو أوراق الفلفل المجففة بعد نقعها بالماء كحشوة للفطيرة، وفي هذه الأيام تعد الحشوة بخلط قطع من كمشي الملفوف الكوري مع قطع من لحم الخنزير.

*. يشتهر هذا النوع من الفطائر في الدول الغربية وذلك لكونه مشابها لفطائر الكريب الغربية.

كعكة سوسوجابتشي
(طبق كعك معد من الملت)*

المكونات والمقادير

مادة الملت الهندي 730 غم، كوبان من الفاصوليا الحمراء ، ماء للعجين 250 ملل، ملعقة كبيرة ونصف من الملح، خمس ملاعق من السكر، زيت قلي.

طريقة الإعداد

1. فرك مادة الملت ثم غسلها بالماء بشكل جيد ، ثم نقعها بالماء لمدة يوم كامل، وبعد إتمام عملية النقع قم بغسل الملت المنقوع بالماء مرة ثانية ثم عصرالماء منه بعد غسله، ومن ثم أضف ملعقة كبيرة من الملح عليه ثم قم بطحن الملت على شكل مسحوق.
2. تسخين كمية الماء المذكورة أعلاه ثم أضفها الى مسحوق الملت المعد أعلاه، ومن ثم قم بعجنها بالماء حتى تحصل على عجينة الملت، بعد إتمام عملية العجن قم بتقطيعها لقطع كروية بقطر 5 سم.
3. قلي كلا جانبي قطع عجينة الملت المعدة بالخطوة الثانية بمقلاة بها زيت ، وبعد إتمام عملية قليها قم بإضافة الفاصوليا الحمراء عليها.
4. رش قطع الكعك المقلية المعدة بالخطوة الثالثة، وهي ساخنة، بكمية السكر المذكورة أعلاه.

ملاحظات

بسبب لزوجة قطع الكعك المعدة بالملت ولتنجب التصاقها بالطبق أثناء تقديمها قم برش القطع بمادة السكر أو العسل، وفي فصل الصيف بإمكانك استخدام اليقطين الصغير أو الخيار بدلاً من الفاصوليا الحمراء.

---

*. الحلويات المعدة من الحبوب المختلفة مشهورة بالعالم العربي ، ويُفضل العرب بشكل خاص الحلوة المذاق منها.

كعكة تشال أوك سوسومونغ سينغي

(طبق كعك معد من خليط من الذرة ومواد أخرى)

المكونات والمقادير

عشرة أكواب من مسحوق الذرة، فاصوليا 410 غم، كستناء 160 غم، ثلاثة أرباع كوب من السكر، ملعقة كبيرة ونصف من الملح.

طريقة الإعداد

1. تنخيل مسحوق الذرة من خلال منخل ذو ثقوب دقيقة.
2. نقع حبات الفاصوليا بالماء، ومن ثم قم بتمليحها بالملح.
3. خلط مسحوق الذرة المنخل والفاصوليا المنقوعة مع الكميات المذكورة أعلاه من الكستناء والسكر، ثم قم بخلط المكونات معاً بشكل جيد، ومن ثم قم بطهيها على البخار بقدر خاص لإعداد كعك معد من الأرز لمدة ثلاثين دقيقة.

حلويات كانغ نيونغ سانجا

(كواجول ؛ الطُّوفي : حلوى قاسية ودبقة)

المكونات والمقادير

أرز لزج 720 غم، ثلثي كوب من شراب كحولي معد من الأرز اللزج الغير مقشر، كوب ونصف من العسل الأسود من الحبوب، زيت قلي.

طريقة الإعداد

1. غسل الأرز اللزج ثم نقعه بالماء، وبعد ليونة حبات الأرز قم بطحنها على شكل مسحوق طحين أرز، ومن ثم قم بتنخيله. (للحصول على ليونة كافية لأرز المقنوع، تستغرق مدة نقع الأرز سبعة أيام في فصل الصيف وما بين 14 – 15 يوماً في فصل الشتاء).
2. خلط مسحوق طحين الأرز بكمية الشراب الكحولي المذكورة أعلاه، ومن ثم قم بوضع قطعة قماش قطنية على قدر طهي البخار، ثم قم بوضع عجينة الأرز المعدة بالخطوة الثانية داخل قطعة القماش القطنية، ومن ثم قم بطهيها على البخار، وبعد الانتهاء من عملية طهيها قم بضرب عجينة الأرز بدقها بقوة بداخل هاون كبير.
3. رش قليلا من طحين الدقيق على الخشب للعجينة، ثم قم بترقيق العجينة لطبقة رقيقة، ومن ثم قم بتقطيعها لبضعة قطع صغيرة، وبعد إتمام عملية تقطيع العجينة قم بتجفيف القطع جيداً، آخذاً بعين الإعتبار والحذر من عدم تعرض القطع للريح خلال عملية تجفيفها.
4. قلي حبيبات الأرز اللزج الغيرمقشرة حتى تتفرقع حبيبات الأرز، تدعى حبيبات الأرز هذه بميهوا.
5. بعد جفاف قطع عجينة الأرز بشكل تام، قم بقليها بالزيت على مرحلتين، في بداية المرحلة الأولى على نارهادئة، ومن ثم قم برفع درجة حرارة القلي بشكل ثابت وتدريجي. بعد إتمام عملية قلي قطع الحلوى قم بتغطيتها بطبقة من حبيبات الأرز المقلي(خطوة 4) اسكب عليها العسل الأسود من الحبوب وذلك لإعطائها مذاقاً حلواً، ثم قم بتغطيتها بطبقة من حبيبات الأرز المقلي(خطوة 4).

ملاحظات

يشير مصطلح ميهوا لحبيبات الأرز المقلية بينما مصطلح ميهوا سانجا يشير للأطعمة المغطاة بطبقة من هذه الحبيبات المقلية

شراب ميميل تشا
(شاي الحنطة السوداء)

المكونات والمقادير

كوب من الحنطة السوداء ، لترين من الماء.

طريقة الإعداد

1. قم بإزالة القشور عن بذور الحنطة السوداء.
2. إضافة الماء على الحنطة السوداء ثم طهيها بنفس طريقة طهي الأرز، ومن ثم قم بتجفيف الحنطة المطهية، وبعد إتمام عملية تجفيفها قم بقليها بالزيت.
3. وضع الحنطة السوداء المقلية بقدر ثم أضف إليها قليل من الماء، ومن ثم قم بسلقها لدرجة الغليان.

شراب سونغ هوا ميلسو

(سونغ هوا هواتشي ، مشروب معد من الطحين مع بذور لقاح زهور الصنوبر)

المكونات والمقادير

. ملعقة كبيرة من طحين بذور لقاح الصنوبر، ماء 200 ملل ، ثلاث الى خمس ملاعق من العسل

خمس حبات من جوز الصنوبر.

طريقة الإعداد

1. غلي الماء ومن ثم تبريده، ثم قم بإضافة كمية العسل المذكورة أعلاه والتأكد من ذوبانه بالماء جيداً.
2. قم بإضافة طحين بذور لقاح الصنوبر الى المحلول المعد أعلاه.
3. يُقدم هذا النوع من المشروب المعد أعلاه عادة بإضافة حبات جوز الصنوبر إليه ، وهي عادة ما تطفو على سطح المشروب.

شراب هوباك سوجونغ كوا
(شراب معد من اليقطين)

المكونات والمقادير ؛

ثلاث كيلو من اليقطين الناضج ، قرفة 50 غم، زنجبيل 50 غم، قليل من ثمار البرسيمون المجففة، جوز، جوز الصنوبر، سكر أصفر 200 غم، قليل من الماء.

طريقة الإعداد

1. تقشير جذورالزنجبيل ثم غسلها جيداً، ومن ثم قم بتقطيعها لشرائح رقيقة ، وبعد الانتهاء من عملية تقطيعها أضف إليها ماء، ومن ثم قم بغليها به حتى درجة الغليان ، بعد الانتهاء من عملية غليها قم بتصفية الماء عنها ومن ثم حفظه بإناء آخر.
2. غسل القرفة بالماء ثم غليها حتى درجة الغليان، وبعد الانتهاء من عملية الغلي قم بتصفية الماء عنها، ومن ثم حفظه بإناء آخر.
3. تقشير اليقطين ثم إزالة محتوياته وبذوره الداخلية، ومن ثم قم بتقطيعه لبضعة قطع صغيرة، وبعد إتمام عملية تقطيعه قم بسلق قطعه بقدر به ماء حتى درجة الغليان.
4. إضافة ماء الزنجبيل المعد بالخطوة الأولى وماء القرفة المعد بالخطوة الثانية الى قطع اليقطين المسلوقة، ومن ثم قم بطهي محتويات الخليط حتى درجة الغليان.
5. تصفية الماء المعد بالخطوة الرابعة عن طريق تمريره من خلال قطعة قماش قطنية، وبعد إتمام عملية التصفية أضف الى الماء المصفى كمية السكر الأصفر المذكورة أعلاه، ومن ثم قم بطهيه حتى درجة الغليان. (يعد الشراب جاهزاً) .
6. مسح ثمارالبرسيمون المجففة المجففة بقطعة قماش قطنية مبللة بالماء، ثم قم بقطع الجزء العلوي منها، (القلنسوة)، ومن ثم قم بقطع كل ثمرة طولياً لقطعتين، بعد ذلك قم بإزالة بذورها الداخلية.
7. سلق حبات الجوز بالماء وذلك لإزالة قشورها الداخلية.
8. إدخال حبات الجوز المسلوقة داخل ثمار البرسيمون المجففة عن طريق ضغطها بداخلها استخدام أصابع اليدين، ومن ثم قم بتقطيع ثمارالبرسيون المحشية بالجوز لقطع بطول 0.5 سم.
9. قم بوضع محلول الشراب المعد بالخطوة الخامسة بطبق، ومن ثم أضف إليه ثمار البرسيمون المجففة المحشية بالجوز وجوز الصنوبر عن طريق رشها على سطح المشروب.

محافظة تيشونغ تشونغ بوك دو

تقع هذه المحافظة في المناطق الداخلية في كوريا مما يجعلها تمتاز بمناخ خاص وبأطعمة مميزة عن المحافظات الأخرى، ولأن هذه المحافظة تبعد عن السواحل، وفيها كثير من التلال والسهول الشاسعة، تعد المنتجات المهمة فيها أنوا ع الحبوب كالأرز والشعير والفول، والخضار كالملفوف، وأنوا ع متعددة من الفطر والبطاطا والفلفل إلخ. رغم بعد هذه المحافظة عن السواحل فقد تم تطوير الثروة السمكية بها وذلك عن طريق تزويدها بالمياه العذبة المتوفرة في تلك المنطقة حيث تم تطوير تربية الأسماك كسمك السلور وسمك الإنقليس الياباني وسمك الشبوط وغيرها، وتمتاز الأطباق في هذه المحافظة ببساطة الإعداد حيث لا تستخدم الكثير من المتبلات والتوابل بإعدادها، لذلك يمتاز ويميل مذاقها الى الطعم الطبيعي الشهي.

وفي إعداد الكمتشي تستخدم هذه المحافظة كميات كبيرة من الثوم ومسحوق الفلفل الأحمر المجفف والملح، وبكمية قليلة من صلصات الأسماك المملحة التي تعتبر شيئا نادرا بسبب بعدها عن السواحل، ويدعى الكمتشي باسم «تشانجي» في هذه المحافظة. وهناك أنوا ع كثيرة من التشانجي طبقا للفصول والمواسم الزراعية، وهي تشانجي الملفوف الكوري الذي يعد في فصل الشتاء، وتشانجي الفجل الذي يعد بقلة الحساء عادة في فصل الصيف، وتشانجي نبات الخردل الذي يعد بخلط أوراقها وسقيانها وبمواد أخرى كالخل والملح والسكر وزيت السمسم، ويتم حفظها بوعاء ومن ثم تؤكل بعد ليلة واحدة من تخليلها، وهناك طبق مميز في هذه المحافظة ألا وهو طبق هيجانغ كوك (حساء السكارى لاستعادة الوعي) وتعد هذه الوجبة عادة من ملفوف كوري مع سونجي (دماء أبقار مخثرة) أو أجزاء من أمعاء دقيقة للأبقار والخنازير. وتشتهر هذه المحافظة بإنتاجها الزراعي لمحاصيل الفول الذي يتم طحنه للحصول على مسحوق الفول المستخدم في إعداد كثير من الأطعمة الكورية كأطباق المعجنات وأطباق العصيدة.

وجبة هوباك تشيونغ

(طبق عصيدة اليقطين)

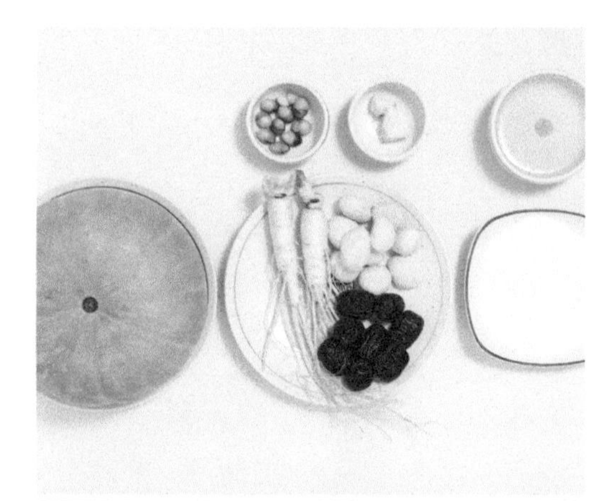

المكونات والمقادير

يقطين ناضج 1.5 كغم، كستناء 200 غم، عناب 300 غم، ثمار الجنكة 20 غم، زنجبيل 50 غم، جذران من جذور نبات الجنسنغ ،عسل 200 غم، مسحوق الأرز اللزج 100 غم، ثلاث ملاعق كبيرة من الماء.

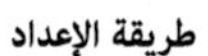

طريقة الإعداد

1. قطع الجزء الأعلى من اليقطين مع الحفاظ عليه كغطاء لها، ومن ثم قم بإزالة ما بداخلها بمقحف.
2. قم بتقشير ثمار الجنكة، ومن ثم قم بقليها بالزيت، وبعد إتمام عملية القلي قم بإزالة القشرة الداخلية عنها، ثم قم بتقشير جذور الزنجبيل ثم تقطيعها لقطع رقيقة.
3. خلط مسحوق الأرز اللزج بماء ساخن وعجنه للحصول على عجينة مسحوق الأرز، ومن ثم قم بتقطيعها لقطع على شكل كريات صغيرة.
4. قم بوضع المواد المعدة أعلاه من الزنجبيل والكستناء والعناب وثمار الجنكة والجنسنغ وكريات عجينة الأرز بداخل حبة اليقطين المفرغة، وبعد الانتهاء من عملية حشيها، قم بسكب العسل فوقها، ومن ثم قم بإغلاقها ثم طهيها على قدر البخار.

ملاحظات

عموماً يتمتع الكوريون بهذه الأكلة الشهية في كافة الأوقات وذلك لما تحتويه من قيمة غذائية عالية، ولقيمتها الغذائية العالية فعادة ما تقدم مثل هذه الوجبة للنساء الحاملات.

وجبة أوككي بيكسوك
(طبق الدجاج المحشي والمطهي على البخار)

المكونات والمقادير

دجاج (الأوككي نوع من الدجاج) 1 كغم، أرز لزج 335 غم، كستناء 100 غم، عناب 10 غم، جذران من جذور نبات الجنسنغ، أعشاب الهوانغ جي ٤ قطع، ثلاث ملاعق من مسحوق يول ميو، معكرونة معدة يدوياً، بصل أخضر 35 غم، ثوم 20 غم، وقليل من حبيبات السمسم والملح والفلفل الأسود.

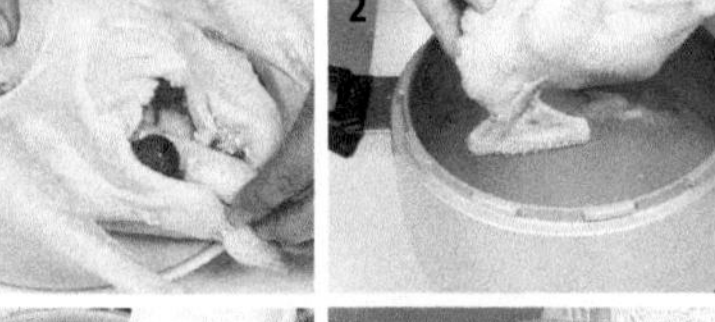

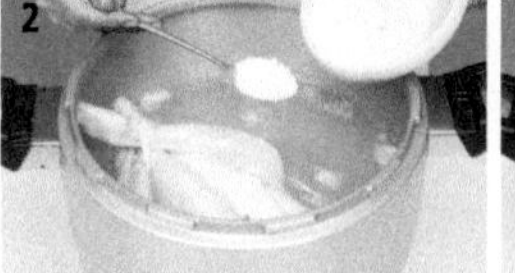

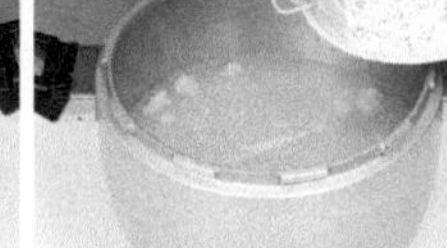

طريقة الإعداد

1. تنظيف الدجاجة بالماء مع إزالة أحشائها، ومن ثم قم بحشوها بالكميات المذكورة أعلاه من العناب والكستناء والأرز اللزج وجذور الجنسنغ.
2. وضع الدجاجة المحشية بقدر ضغط، ثم ضع فوقها ماء ثم أضف إليها الثوم، ومن ثم قم بطهيها بقدرالضغط حتى درجة الغليان، وعندما تصبح الدجاجة نصف مستوية أضف الى القدر كل من أعشاب الهوانغ جي ومسحوق يول ميو، ومن ثم قم بطهيها مرة ثانية.
3. بعد الانتهاء من عملية الطهي قم بإخراج الدجاجة من القدر، ومن ثم قم بوضعها بطبق.
4. أضف قطع البصل الأخضر والمعكرونة الى حساء الدجاجة المتبقي بالقدر ، ومن ثم قم بطهي المحتويات بنفس القدر حتى درجة الغليان، وبعد الانتهاء من عملية طهي الحساء قم بإضافة الملح والسمسم المطحون إليه مع تبهيره بالفلفل الأسود.

ملاحظات

يمتاز دجاج أوككي عن غيره من الدجاج بأرجل سوداء ، ويرجع أصل هذا النوع من الدجاج لمنطقة أوكتشيون، واعتاد سكان منطقة أوكتشيون إعداد مثل هذه الوجبة بطهي الدجاجة مع أنواع عديدة من الأعشاب الكورية التقليدية وذلك لإزالة رائحة الزفر من لحمها، مع إضافة المعكرونة والأرز لحسائها.

وجبة حساء كونغ كوك
(طبق حساء الفاصوليا البيضاء المثلج)

المكونات والمقادير

خمسة أكواب من عصيدة الصويا، خثارة الفول 250 غم، براعم الفول 200 غم، جزر 140 غم، بطاطا 300 غم، بصل أخضر 10 غم، ثوم 10 غم، نصف ملعقة كبيرة من مسحوق الفلفل الأحمر الحار، وقليل من الملح.

طريقة الإعداد

1. وضع براعم الفول بقدر وسكب ماء عليها، ومن ثم قم بغليها لفترة وجيزة.
2. تقطيع الجزر والبطاطا لقطع مستطيلة بأحجام (3×1×0.3 سم)، ثم أضف إليها القليل من الملح ومن ثم قم بغليها لفترة وجيزة، ثم قم بتقطيع خثارة الفول لقطع بنفس حجم قطع الجزر والبطاطا.
3. وضع قطع البطاطا والجزر وبراعم الفول المطهية بقدر، ثم قم بسكب عليها عصيدة الصويا ومن ثم طهيها جميعاً معاً حتى درجة الغليان.
4. ومع بدء غليان الحساء بالقدر أضف إليه خثارة الفول والثوم المسحون والبصل الأخضر المفروم، ومن ثم قم بطهيها معاً، مع مراعاة إزالة الفقاعات الرغوية المتكونة أثناء عملية الطهي، وبعد إتمام عملية الطهي قم بإضافة مسحوق الفلفل الأحمر الحار والملح.

وجبة دودوك كوي

(طبق جذور الدودوك المشوية)

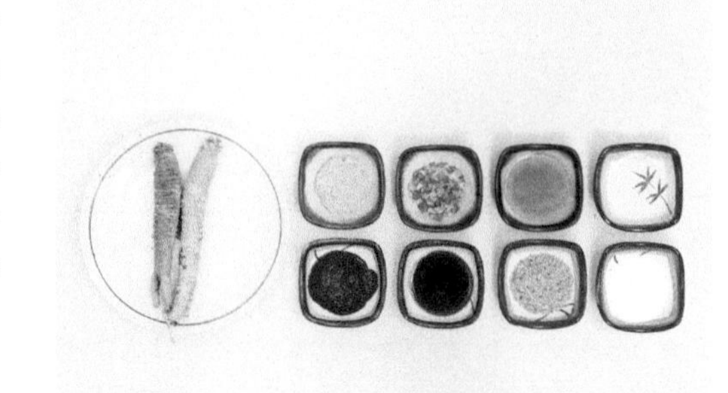

المكونات والمقادير

جذور نبات الدودوك 300 غم ، قليل من مادة محلول الخل.

مكونات التتبيلة ومقاديرها ملعقتان كبيرتان من معجون الفلفل الأحمر الحار، ملعقتان كبيرتان من صلصة الصويا، ملعقتان كبيرتان من السكر، ملعقتان صغيرتان من البصل الأخضر المفروم، ملعقة صغيرة من الثوم المسحون، ملعقة صغيرة من السمسم المطحون، ملعقة صغيرة من زيت السمسم.

مكونات مصالة الطعام ومقاديرها ملعقة كبيرة من زيت السمسم، ملعقة كبيرة من صلصة الصويا، معجون الفلفل الأحمر الحار.

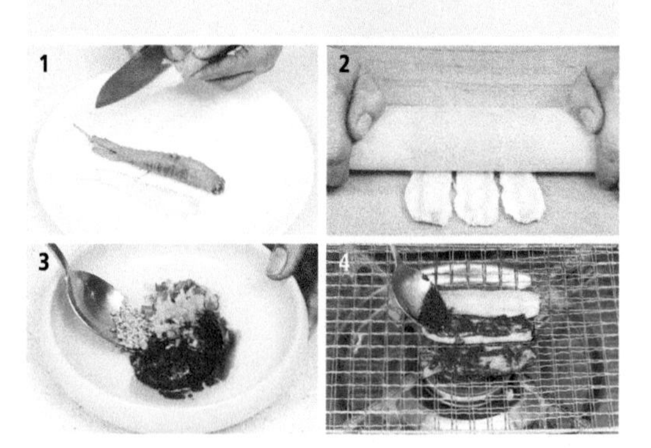

طريقة الإعداد

1. غسل جذور نبات الدودوك، ومن ثم قم بتقشيرها.
2. تقطيع جذور الدودوك بشكل طولي لقطعتين، ومن ثم قم ببسطها على شكل مستقيم.
3. تحضير التتبيلة وذلك عن طريق خلط مكونات التتبيلة المذكورة أعلاه.
4. في البداية قم بوضع طبقة من مصالة الطعام على جذور الدودوك ، ثم قم بإضافة الخل عليها، ومن ثم قم بشوي قطع الجذور على شواية.
5. قم بإضافة التتبيلة بشكل مستمر خلال عملية شوي الجذور.

ملاحظات

تعد منطقة سوانبو الواقعة حول منتزه ومحمية جبل وولاك منبت وموطن جذور نبات الدودوك البرية، ويدعى هذا النوع من الطعام الفاتح للشهية بإسم « ساسام « أو « بيكسام « والتي هي عبارة عن نوع من أنواع جذور الجنسنغ، وتشتهر هذه الوجبة الشهية بين الكوريين والسياح الأجانب أيضاً.

وجبة دوري بينغ بينغ إي
(طبق السمك المقلي)

المكونات والمقادير

سمك ماء عذب 170 غم (مثل سمك الدّاس ، وسمك الهف)، جذور جنسنغ طازجة 10 غم، بصل أخضر 10 غم، جزر 10 غم، قرون فلفل أخضر حار صغيرة 15 غم، فلفل أحمر حار ١٤غم.
مكونات صلصة التتبيلة ومقاديرها ؛ ثلاث ملاعق كبيرة من معجون الفلفل الأحمر الحار، نصف ملعقة كبيرة من الثوم المسحون، نصف ملعقة كبيرة من الزنجبيل، نصف ملعقة كبيرة من السكر، ثلاث ملاعق كبيرة من الماء.

طريقة الإعداد

1. تنظيف الأسماك ووضعها على شكل دائري بمقلاة، ومن ثم قم بقليها بزيت القلي حتى تصبح ذات لون أصفر ذهبي.
2. تقطيع الجزر والبصل الأخضر لشرائح بحجم 5×0.2×0.2 سم، ومن ثم قم بتقطيع جذور الجنسنغ وقرون الفلفل الأحمر الحار بشكل مائل لقطع بحجم 0.3 سم.
3. إعداد صلصة التتبيلة بخلط مكوناتها المذكورة أعلاه.
4. بعد الانتهاء من عملية قلي الأسماك قم بإزالة الزيت عنها، ومن ثم أضف إليها صلصة التتبيلة، ثم أضف إليها الخضار المعدة بالخطوة الثانية، وبعدها قم بطهيها جميعها معاً لفترة وجيزة.

ملاحظات

تعد وجبة دوري بينغ بينغ إي من الأطعمة النموذجية المحلية للمناطق المجاورة لبحيرة إيوريمجي الصناعية المحاذية لسدي جاتشيون و دايتشيونغ ، وذلك لاحتوائها على أنواع من الأسماك الصغيرة الحجم، ولهذه الوجبة أسماء متعددة ولكن اسمها الحالي جاء عن طريق الصدفة حيث قيل أن رجل دخل لمطعم وقال « أعطني طبق دوري بينغ بينغ إي « والتي تعني وجبة السمك المقلي على شكل دائري.

وجبة دوتوري جيون
(طبق جوز البلوط المقلي)

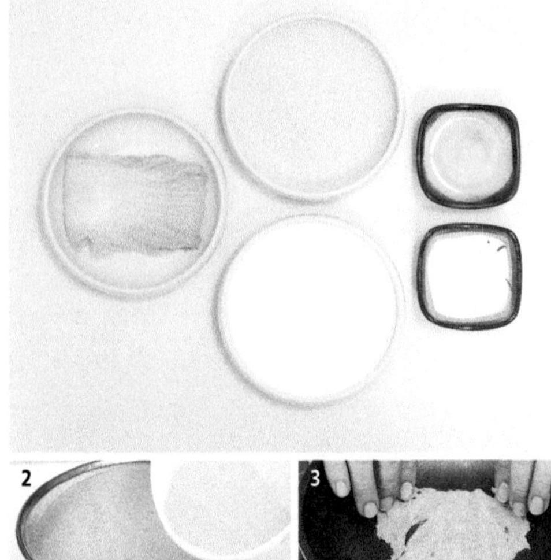

المكونات والمقادير

مسحوق جوز البلوط 150 غم، طحين 110 غم، كمشي مغسول بالماء، زيت قلي، ماء 600 ملل، ملعقة صغيرة من الملح.

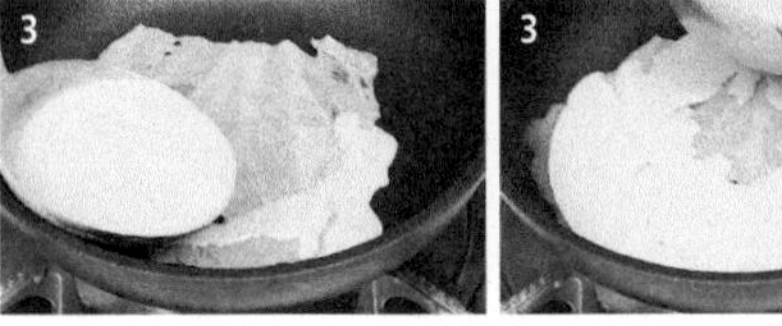

طريقة الإعداد

1. خلط كميات الطحين ومسحوق جوز البلوط والملح المذكورة أعلاه، ومن ثم تنخيل الخليط بمنخل.
2. إضافة الماء على الخليط المعد بالخطوة الأولى، ومن ثم قم بخلطه بشكل جيد.
3. وضع زيت القلي بمقلاة، ثم ضع أوراق من ملفوف الكمشي بداخلها، ومن ثم قم بوضع الخليط المعد بالخطوة الثانية فوق أوراق ملفوف الكمشي.
4. قلي كلا وجهي أوراق ملفوف الكمشي بالزيت.

وجبة تشيك جيون

(طبق جذور الآروروت المقلية - جذور نبات المرنطة)

المكونات والمقادير

نشا جذور الآروروت 160 غم، طحين 55 غم، قرون صغيرة من الفلفل الأخضر الحار 20 غم، فلفل أحمر حار 20 غم، كوسا 80 غم، ماء 400 ملل، زيت، قليل من الملح.

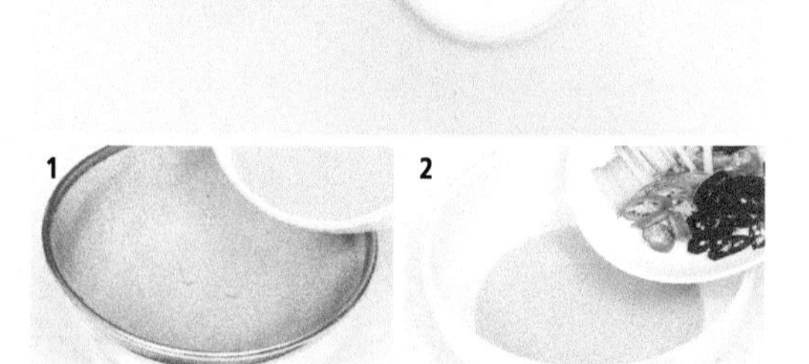

طريقة الإعداد

1. خلط كميات الماء والطحين ونشا جذور الآروروت المذكورة أعلاه، ومن ثم تنخيل الخليط بمنخل.
2. تقطيع الكوسا لقطع سميكة بسماكة (5×0.3×0.3 سم)، ثم تقطيع قرون الفلفل الأخضر الحار والفلفل الأحمر، لقطع بحجم 0.3 سم، ومن ثم قم بخلطها جميعها معاً بالخليط المعد بالخطوة الأولى.
3. وضع زيت القلي بمقلاة ساخنة، ثم قم بإضافة الخليط المكون بالخطوة السابقة بداخلها، ومن ثم قم بقليه بالزيت بشكل جيد.

ملاحظات

بالإمكان استخدام صلصة الصويا كتتبيلة بهذه الوجبة، والتي مكوناتها كالتالي ؛ صلصة الصويا، زيت سمسم، حبيبات سمسم، بصل أخضر مفروم، وثوم مسحوق.

وجبة بيوكو جانغاتشي
(طبق الفطر المخلل)

المكونات والمقادير 1

فطرمجفف 100 غم، قرون فلفل أحمرمجففة، ثوم 30 غم، ماء، أربعة أكواب من صلصة الصويا، ملعقة كبيرة من عصارة الزنجبيل، ملعقة كبيرة من الملح.

المكونات والمقادير 2

فطرمجفف 100 غم، كوبان من صلصة الصويا، كوبين من صلصة الصويا المخففة، كوبان ونصف من شراب الدكستروز، كوبان من السكر.
مكونات صلصة حساء أعشاب الكلب البحرية ومقاديرها ؛ أعشاب الكلب البحرية 20 غم، ثوم 30 غم، زنجبيل 20 غم، بصل 70 غم، خمسة قرون من الفلفل الأحمر المجفف، ماء 7 ليترات.

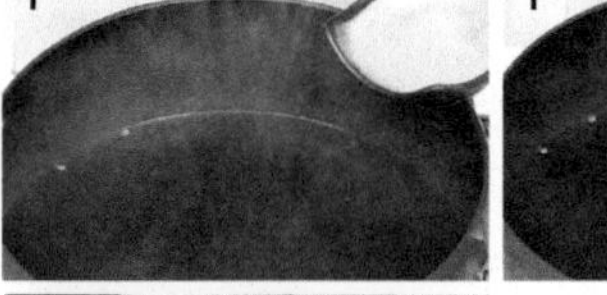

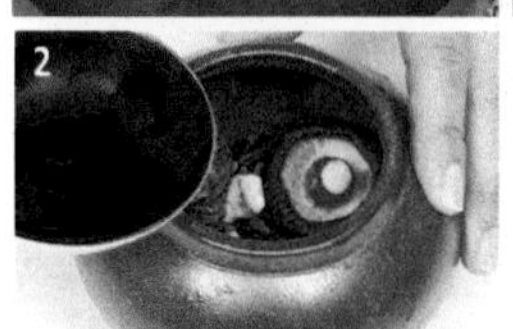

طريقة الإعداد 1

1. خلط كل من الكميات المذكورة أعلاه من صلصة الصويا والماء وعصارة الزنجبيل والملح والثوم والفلفل الأحمر وخلطها جميعها معاً بشكل جيد، ومن ثم قم بطهيها حتى درجة الغليان، وبعد الانتهاء من عملية الطهي اتركها لفترة حتى تبرد.
2. وضع الفطر المجفف في مرطبان، ثم اسكب فوقه الخلطة المطهية المعدة بالخطوة الأولى.

طريقة الإعداد 2

1. نقع الفطر المجفف بالماء حتى يصبح ليناً، ومن ثم قم بقطع أطرافه وتصفيته من الماء الزائد.
2. خلط كل من الكميات المذكورة أعلاه من الماء وأعشاب الكلب البحرية والزنجبيل والبصل والفلفل الأحمرالمجفف وخلطها جميعها معاً بشكل جيد، ومن ثم قم بطهيها لمدة عشرين دقيقة، وبعد الانتهاء من عملية الطهي اتركها لفترة حتى تبرد، ومن ثم قم بتصفية الحساء بتمريره من خلال قطعة قماش قطنية حتى تحصل على حساء صاف اللون.
3. أضف الى الحساء المصفّى المعد بالخطوة الثانية كل من الكميات المذكورة أعلاه من صلصة الصويا المخففة والسكر وشراب الدكستروز، ومن ثم قم بغليه حتى تتبخر ثلثي كمية الماء من الحساء.
4. أضف الفطر المجفف المنقوع بالماء الى الحساء المعد بالخطوة الثالثة مع مراعاة إزالة المواد الصلبة العالقة به، ومن ثم قم بطهيه لمدة خمس دقائق، وبعد الانتهاء من عملية الطهي اتركه لفترة لكي يبرد.
5. وضع الفطر المطهي بمرطبان وأضف إليه حساء صلصة الصويا المعد بالخطوة الرابعة.

محافظة تشيونغ تشونغ نام دو

تعد هذه المحافظة من المحافظات الزراعية الخصبة حيث توفر المياه بكثرة من نهر كوم كانغ، وتوجد سهول زراعية شاسعة مثل بيدانغ، لذلك تكثر محاصيل الحبوب بها علاوة على الثروة السمكية في سواحل البحر الغربي المسمى بالبحر الأصفر الذي تحاذيه المحافظة. وتمتاز أطعمة هذه المحافظة بمذاقها الطبيعي حيث تعد الأطعمة هنا مثلما تعد في محافظة تيشونغ تشونغ بوك دو دون استخدام توابل أو بهارات كثيرة، وهناك العديد من الأطباق المميزة بالمحافظة، ومنها طبق دونجانغ (طبق معجون فول الصويا)، طبق تشونغ كوك جانغ جيكي (طبق معجون فول الصويا المركزة)، أطباق العصيدة المتعددة، أطباق المعكرونة المعدة من القمح، أطباق حساء سيوجيبي (طبق حساء الباستا الكورية)، أطباق عصيدة اليقطين وأطباق عديدة أخرى تؤكل عادة مع طبق من الشعير. أما من بين الوجبات الموسمية فهناك أطباق الدجاج الصيفية والأطباق الشتوية كطبق توككوك المعد بالمحار (طبق حساء الباستا من الأرز) وطبق كالكوك سو (طبق حساء المعكرونة)، علاوة على العديد من الأطباق المعدة من اليقطين منها طبق عصيدة اليقطين وطبق هوباك كوجي دوك وطبق مخلل كمشي المعد من اليقطين.

وجبة هوباك بامباك
(طبق اليقطين المطهي مع مواد أخرى)

المكونات والمقادير

يقطين ناضج 2 كغم، مسحوق الأرز اللزج 400 غم، فول أحمر 210 غم، كوب من مسحوق الملت اللزج ، فاصوليا 200 غم، طحين 50 غم، ماء 2 ليتر، أربع ملاعق صغيرة من الملح.

طريقة الإعداد

1. تقشير اليقطين ثم إزالة بذوره الداخلية، ومن ثم قم بتقطيعه لقطع صغيرة بحجم لقمة الفم.
2. نقع الفاصوليا بالماء حتى تصبح لينة.
3. غسل الفول الأحمر بالماء، ومن ثم طهيه بقدر به ماء لدرجة الغليان.
4. غلي قطع اليقطين بقدر به ماء حتى درجة الغليان.
5. بعد إتمام عملية غلي قطع اليقطين قم بهرسها قليلاً، ثم قم بطهيها بقدر به ماء مع كل من الفصوليا المنقوعة (2) ومع الفول الأحمر المسلوق (3) حتى درجة الغليان.
6. بعد إتمام عملية طهي قطع اليقطين والفاصوليا والفول، قم بإضافة قليل من الملح وكمية مسحوق الملت المذكورة أعلاه الى القدر، ومن ثم قم بطهي المحتويات مرة ثانية حتى الغليان.
7. إضافة مسحوق الأرز اللزج قليلاً قليلاً وتدريجياً، مع مراعاة تحريك الخليط بشكل جيد ومستمر، وأخيراً وللحصول على عصيدة ذات كثافة عالية ومركزة قم بإضافة كمية الطحين المذكورة أعلاه مع مراعاة خلط العصيدة بشكل جيد ومستمر أثناء عملية الطهي.

ملاحظات

تعد هذه الوجبة ذات الطعم الشهي وجبة صحية خاصة للأشخاص الذين يعانون من مشاكل في المعدة، وذلك لأنها تساعد على تسهيل عملية الهضم ، ويرجع اللون الأصفر لهذه الوجبة لوجود مادة الكاروتين باليقطين والتي تعتبر مادة صحية ذات قيمة غذائية عالية مماثل للقيمة الغذائية لفيتامين أ، فلذلك تعتبر هذه الوجبة المعدة باليقطين وجبة صحية للنساء الحوامل وللأشخاص الذين يعانون من أمراض مختلفة مثل أمراض المعدة وأمراض الكلى ومرضى السكر.

وجبة أوكولكي تانغ

(طبق شوربة الدجاج)

المكونات والمقادير

دجاجة واحدة من دجاج أوكولكي، قرون غزال ، عناب، كستناء ، ماء 3 ليترات، ملعقتان كبيرتان من الملح، أعشاب طبية تقليدية كورية مثل ؛ أيومنامو، تشيون كونغ، دانغ كيي، هوانغكي، كوكيجا، تشانغ تشول، كامتشو.

طريقة الإعداد

1. تنظيف الدجاجة وإزالة أحشائها، ثم غسلها بالماء جيداً ومن ثم فركها بالملح.
2. غلي الدجاجة بالماء.
3. تقشير حبات الكستناء وإزالة قشورها الخارجية والداخلية، ومن ثم قم بتحضير المواد التالية بغسلها بالماء ؛ قرون الغزال وثمارالعناب والأعشاب الطبية أيومنامو، تشيون كونغ، دانغ كيي، هوانغكي، كوكي جا، تشانغ تشول، كامتشو.
4. وضع الأعشاب الطبية بقدر به ماء ثم قم بطهيها وغليها بالماء حتى يصبح حسائها ذو رائحة زكية.
5. أضف الدجاجة وحبات الكستناء الى الحساء المعد أعلاه، ومن ثم قم بطهي الحساء مرة ثانية حتى درجة الغليان، وبعد الانتهاء من عملية الغلي أصبحت الوجبة جاهزة للأكل.

1

4

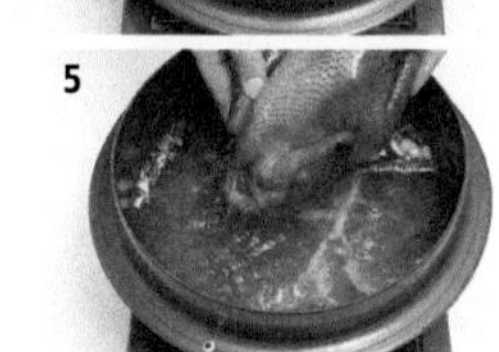

5

وجبة جيونيو كيوي
(طبق سمك الشابل المشوي)

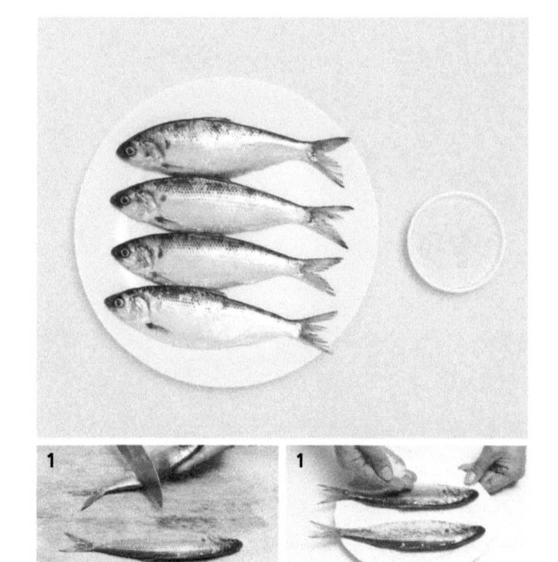

المكونات والمقادير

ثلاث سمكات من أسماك الشابل، نصف ملعقة كبيرة من الملح.

طريقة الإعداد

1. تنظيف الأسماك بإزالة حراشفها عن طريق تقشيرها، ومن ثم غسلها بالماء ثم تمليحها بالملح.

2. قم بشوي كلا جانبي الأسماك المعدة أعلاه حتى يصبح لونها بلون بني ذهبي.

وجبة هوباك كوجي جيوك
(طبق شرائح اليقطين المقلية)

المكونات والمقادير

شرائح اليقطين المجففة **100** غم، بصل أخضر صغير **100** غم، لحم بقر **200** غم ، مسحوق الأرز اللزج **100** غم، ملعقة كبيرة من زيت القلي، ماء **100** ملل.

مكونات صلصة تتبيلة لحم البقر ومقاديرها ملعقة كبيرة من صلصة الصويا ، ملعقتان صغيرتان من البصل الأخضر المفروم، ملعقة كبيرة من السكر، ملعقة صغيرة من زيت السمسم، ملعقتان صغيرتان من السمسم المطحون، ثلث ملعقة صغيرة من الفلفل الأسود.

مكونات صلصة تتبيلة شرائح اليقطين ومقاديرها ملعقتان صغيرتان من البصل الأخضر المقطع، ملعقة كبيرة من صلصة الصويا، ملعقة صغيرة من زيت السمسم، ملعقتان صغيرتان من السمسم المطحون.

1 2 4 5

طريقة الإعداد

1. اختر شرائح اليقطين السميكة، ثم قم بنقعها بالماء حتى تصبح لينة ، ومن ثم قم بتتبيلها بصلصة تتبيلة اليقطين المبينة أعلاه.
2. تقطيع لحم البقر لقطع بحجم (6×1.5×0.5 سم)، ومن ثم قم بتتبيل القطع بتتبيلة لحم البقر.
3. تقطيع البصل الأخضر لقطع بحجم ٦ سم، ومن ثم أضف إليها السمسم المطحون.
4. خلط الكميات المذكورة من الأرز اللزج والماء.
5. قم بوضع كل من شرائح اليقطين المتبلة وقطع لحم البقر المتبلة وقطع البصل الأخضرعلى سيخ شوي، وشكها على السيخ بشكل تعاقبي، مع مراعاة وضع قطع اليقطين على كلا نهايتي السيخ.
6. نقع السيخ بغمسه بالخليط المعد بالخطوة الرابعة، ومن ثم قم بقلي الأسياخ بالزيت بمقلاة.

وجبة سيودي جيم
(باكدي جيم ؛ طبق سمك اللسان)

المكونات والمقادير

سمك اللسان المجفف **100** غم، بصل أخضر **10** غم، ملعقة كبيرة من زيت السمسم، قليل من الفلفل الأحمر المفروم.

طريقة الإعداد

1. غسل أسماك اللسان المجففة والمملحة بالماء، ومن ثم قم بتجفيفها بقطعة قماش قطنية.

2. فرك الأسماك المغسولة بزيت السمسم.

3. وضع الأسماك بقدر البخار به ماء، ثم قم بطهيها بقدر البخار بشكل جيد.

4. عند ارتفاع البخار من القدر أضف إليه كل من قطع البصل الأخضر وقطع الفلفل الأحمر، ومن ثم قم بطهيها مرة ثانية تحت قدر البخار، بعد ارتفاع ضغط البخار مرة ثانية قم بطفي الغاز تحت القدر.

ملاحظات

تدعى سمكة اللسان في محافظة تشيونغ تشونغ بإسم باكدي، وقد جاء اسم هذا النوع من الأسماك من شكله الرفيع حيث أنه يشبه أوراق الأشجار وهو أقرب شكلا الى لسان الحذاء، لذلك يدعى بسمك اللسان، ويباع هذا النوع من الأسماك عادة مجففاً ومملحاً بالملح، وتشتهر هذه الأسماك في منطقة سيوتشون حيث يستمتع سكانها بأكل هذه الأسماك المججفة والمملحة بطهيها أو بقليها بالزيت.

وجبة جوكومي مو تشيم
(طبق الأخطبوط الصغير المتبل)

المكونات والمقادير

عشرة أخطبوطات صغيرة الحجم، بصل 160 غم، أعشاب الورت 50 غم، خيار 70 غم، جزر 50 غم، قرون فلفل حمراء حارة 15 غم، قرون فلفل خضراء 15 غم، ملح، حبوب السمسم.

مكونات صلصة التتبيلة ومقاديرها ملعقتان كبيرتان من معجون الفلفل الأحمر الحار، ملعقتان كبيرتان من الخل، ملعقة كبيرة من السكر، ملعقة صغيرة من الثوم المسحون.

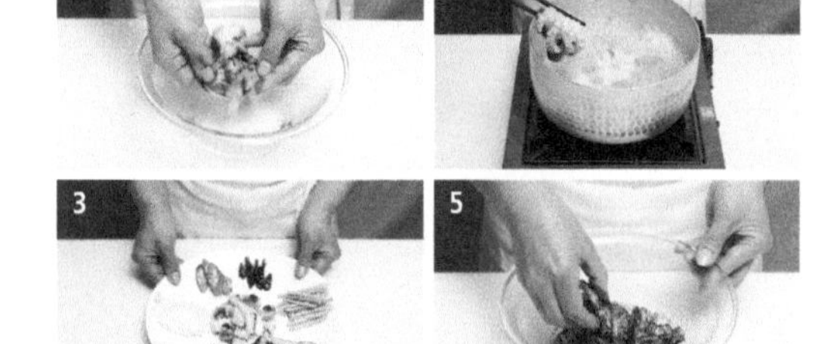

طريقة الإعداد

1. أضف قليلا من الملح الى إناء به ماء، ومن ثم قم بنقع الأخطبوطات به لفترة وجيزة ، بعدها قم بتنظيفها بإزالة الأحشاء السوداء اللون الموجودة بجزء الرأس، ومن ثم قم بغسلها بالماء.
2. وضع كمية من الملح بماء مغلي ثم قم بسلق الأخطبوطات، كل على حده، بالماء المالح وذلك عن طريق غليها به، بعد إتمام عملية سلق الأخطبوطات، قم بتقطيعها لقطع بحجم لقمة الفم.
3. لتحضير الخضار ؛ قم بتقطيع البصل لقطع بعرض 0.2 سم، ثم تقطيع الخيار لنصفين ومن ثم تشريحها لشرائح بطول 0.3 سم، تقطيع الجزر لقطع مستطيلة بحجم (5×1×0.3 سم). تقطيع أعشاب الورت لقطع بطول 5 سم، ثم قم بتقطيع كل من الفلفل الأحمر والأخضر الحار لقطع بسماكة 0.3 سم، مع إزالة البذور الداخلية منها.
4. لإعداد التتبيلة قم بخلط الكميات المذكورة أعلاه من معجون الفلفل الأحمر الحار والخل والسكر والثوم المسحون ومن ثم خلطها جميعها معاً بشكل جيد.
5. إضافة التتبيلة المعدة بالخطوة الرابعة الى الخضار المعدة بالخطوة الثالثة، ومن ثم قم بخلطها جميعها معاً، وبعدها قم بإضافة قطع الأخطبوط المسلوقة إليها، ومن ثم قم بخلطها مع كل من التتبيلة والخضار بشكل جيد، وبعد إتمام عملية الخلط قم برش حبوب السمسم فوقها.

وجبة هودو جانغ آتشي
(طبق مخلل الجوز)

المكونات والمقادير

حبات جوز مقشرة **240** غم ، لحم بقر **100** غم، ماء **140** ملل، ثلاث ملاعق كبيرة من صلصة الصويا، ملعقة كبيرة من شراب الدكستروز.

مكونات صلصة تتبيلة لحم البقر ومقاديرها ملعقة كبيرة من صلصة الصويا، ملعقة صغيرة من البصل الأخضر المقطع، نصف ملعقة صغيرة من الثوم المسحون، زيت السمسم، ملعقة صغيرة من السمسم المطحون، ملعقة صغيرة من زيت السمسم.

طريقة الإعداد

1. وضع حبات الجوز بقدر به ماء ساخن ثم غليها، وعندما تبدأ حبات الجوز بالطفو على سطح الماء اطفىء الغاز تحتها، ومن ثم اتركها لتبرد لمدة عشر دقائق وذلك لإزالة حامض التانيك منها، وبعد إتمام عملية التبريد، قم بغسل حبات الجوز المسلوقة بالماء ومن ثم قم بوضعها بصينية.

2. فرم لحم البقر مثل لحم الكفتة، ومن ثم تتبيله بتتبيلة لحم البقر المعدة أعلاه، وبعد إتمام عملية تتبيل لحم البقر المفروم، قم بتكوين كرات دائرية الشكل منه بقطر **1.5- 2** سم.

3. خلط صلصة الصويا بالماء وثم غليها حتى درجة الغليان، وبعد الانتهاء من عملية غليها قم بإضافة كل من كرات لحم البقر المعدة بالخطوة الثانية وحبات الجوز المعدة بالخطوة الأولى، ومن ثم الاستمرار بعملية طهي المحتويات على نار هادئة.

4. بعد إتمام عملية طهي كرات لحم البقر وحبات الجوز جيداً قم برفعها من القدر، ومن ثم قم بسكب كمية شراب الدكستروز المذكورة أعلاه الى القدر، ومن ثم قم بخلط محتوياته بشكل جيد.

حلويات إنسام جيونغ كوا

(طبق حلويات معد بجذورالجنسنغ)

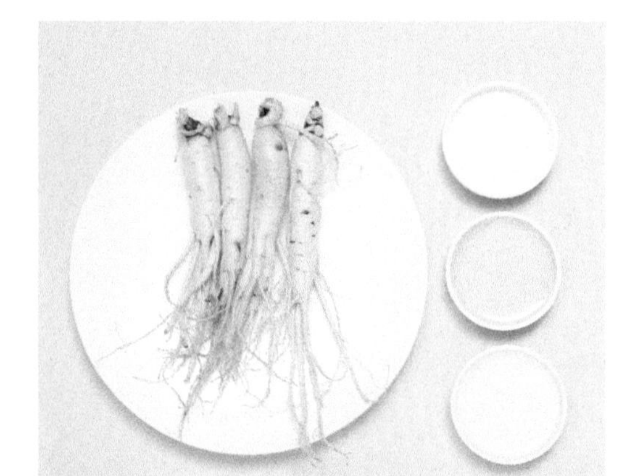

المكونات والمقادير

أربعة من جذور نبات الجنسنغ الطازجة، ست ملاعق كبيرة من السكر، ملعقتان كبيرتان من شراب الدكستروز، ملعقة صغيرة من العسل، ماء.

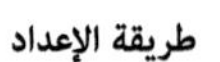

طريقة الإعداد

1. غسل جذور الجنسنغ بالماء جيداً، ثم قم بوضعها بقدر به ماء، ومن ثم قم بغليها بشكل جيد.
2. وضع جذور الجنسنغ المغلية بقدر جديد، ثم قم بسكب الماء بالقدرالأول فوقها، ومن ثم أضف إليه سكر بنسبة (جنسنغ : سكر = 2 : 1)، و بعدها قم بغلي المحلول تدريجياً على نارهادئة حتى درجة الغليان، مع مراعاة عدم تحريك محلول الماء والسكر خلال عملية غليه.
3. بعد تبخر نصف كمية محلول السكر أضف إليه شراب الدكستروز، ومن ثم استمر بغليه على نار هادئة، مع أخذ الحذر بعدم تحريكه أبداً خلال عملية الغلي.
4. بعد إتمام عملية غلي محلول السكر، وبعدما يصبح لون جذور الجنسنغ أحمر شفافا ويصبح لها لمعان، أضف إلى المحلول كمية العسل، ومن ثم قم بخلطه تحريكه بمغرفة.

ملاحظات

تيشتهر مثل هذا النوع من الحلويات بين الرجال خاصة، وذلك لاحتوائه على جذور الجنسنغ التي تعتبر من المنشطات الجنسية.

مشروب بوري سيكهي

(بوري كام جو ، بوري دانسول ، مشروب الشعير المخمر)

المكونات والمقادير

شعير مطهي 630 غم (لثلاثة أشخاص)، مسحوق الملت 120 غم، ماء 3 ليترات، نصف كوب من مادة الملت، كوبان من السكر.

طريقة الإعداد

1. خلط مسحوق الملت بقدر به ماء جيداً عن طريق فرك الملت بالماء بأصابع اليد بشكل جيد.
2. ترك ماء الملت لفترة وجيزة بداخل القدر حتى يستقر في أسفل القدر ، ومن ثم قم بسكب الجزء العلوي من ماء الملت بإناء آخر
3. خلط الملت مع الشعير مطهي بشكل جيد ، ومن ثم ضع على الخليط ماء الملت المعد بالخطوة الثانية، وبعدها قم بخلطها جميعها معاً بشكل جيد.
4. تخمير الخليط المعد بالخطوة الثالثة لمدة يوم واحد تحت درجة حرارة ما بين 50 – 60 درجة مئوية، وبعد الانتهاء من عملية التخمير تطفو حبيبات الشعير على السطح عادة، بعد طفوها قم بفصلها عن سائل الملت المخمر عن طريق تصفية السائل، مع مراعاة حفظ هذه الحبيبات بطبق آخر، بعد إتمام إزالة هذه الحبيبات أضف كمية السكر إليه، ومن ثم قم بغليه، وبعد إتمام عملية الغلي اتركه لفترة حتى يبرد.
5. بالإمكان تقديم هذا المشروب مع طبق جانبي من حبيبات الشعير التي تم فصلها عنه.

ملاحظات

يُشرب هذا النوع من المشروبات التقليدية المصنوعة من تخمير الأرز والملت بإضافة حبات من الصنوبر بداخله أحياناً، وتدعى هذه المشروبات باسم كام، جو التي تعني مشروب الأرز المحلّى بالسكر، وقد جاء في كتاب « إعداد الأطعمة الكورية » ؛ إنه من الأفضل إعداد هذا المشروب من الأرز الغير اللزج وذلك لأن هذا النوع من الأرز يصبح لينا بسهولة ، وفي القديم كان العسل يستخدم في إعداده ولكن بعد فترة عصر تشوسون تم استخدام مادة السكر بدلاً من العسل، وعادة ما تستخدم مواد أخرى بإعداد مثل هذا المشروب مثل مادة الأترج والرمّان والعناب والكستناء وذلك لإعطاه لوناً ومذاقاً مميزاً، وقد جاء في كتاب « سومونساسيول » ؛ في حالة استخدام حبات الأترج الغير مقشرة مع الأرز خلال عملية طهيه فإن مذاق المشروب يصبح منعشاً وتبقى حبات الأرز متماسكة بينما يصبح لون المشروب أبيض ذو مذاق حلو. وفي القديم حين كان الناس يتناولون المشروبات المعدة من مادة الشعير ويعود ذلك لقلة محصول الأرز في تلك الأيام، وكانوا يستمتعون بشربها وهم جالسون تحت الأشجارعلى حصائر من القش.

محافظة جوللا بوك دو

تحتوي هذه المحافظة على سهول هونام الشاسعة التي تعتبر أكبر السهول الزراعية في شبه الجزيرة الكورية، فتعد هذه المحافظة مركزا زراعيا تنتج فيه 16% من إجمالي محصول الأرز في البلاد. كما أن الثروة السمكية متوفرة، فيشتهر ساحل تشيل سان ببلدة بو آن بصيد أنواع مختلفة من الأسماك منها سمك اللوت. وفي المناطق الجبلية من هذه المحافظة تنتج الجنسينغ وجذور زهرة الجريس وثمار نبات الإسكيزاندرا. تشهتر مدينة جونجو، عاصمة هذه المحافظة، بأنواع متعددة من طبق الأرز، فنجد ـ بالإضافة إلى طبق الأرز الذي يتم إعداده بالأرز والماء فقط ـ طبق الأرز المزوج مع البطاطا الحلوة، وطبق الأرز المزوج مع الملت، وطبق البيبيمباب الذي يمثل طبق الأرز المزوج مع مختلف المواد من الخضرة واللحم، وطبق الأرز مع براعم الفول، وطبق الحساء من الأرز وبراعم الفول. وهناك طبق حساء توك كوك (طبق حساء الباستا الكورية من الأرز) الذي عادة ما يؤكل في احتفالات رأس السنة الكورية، ويعد هذا الطبق عادة من شربة سمك الآنشوفة أو لحم بقر أو لحم دراج. وهناك طبق حساء براعم الفول أو طبق حساء طحالب بحرية يتم تمليحهما بالملح فقط. وفي هذه المحافظة يدعى الكمشي بـ «جي»، ولا تستخدم مسحوق الفلفل الأحمر في إعداد الكمتشي إلا في موسم «جيم جانتج» الذي يشير إلى تحضير كميات كبيرة من الكمتشي قبل مجيء البرودة الشتوية، بل يتم اختلاط شرائح الفجل الأبيض مع معجون الأرز اللزج أو الأرز، والثوم، والزنجبيل، والأسماك المملحة، والملح، ثم يوضع الخليط على كل ورقة من أوراق الملفوف التي قد تم تمليحها، ثم تصفيتها من الماء. خلافا لاعتقاد بأن كمية كبيرة من الاسماك المملحة تستخدم في إعداد الكمتشي في هذه المحافظة، لم تستخدم إطلاقا خاصة في المناطق الجبلية الواقعة في شرق هذه المحافظة التي كان الأسماك شيئا نادرا جدا فيها في الماضي الذي لم تتطور وسائل المواصلات فيه بعد. أما بالنسبة لأطباق الكعك المميزة في جوللا بوك دو وجوللا نام دو فهناك كعك تشال توك الرقيقة (كعك معد من الأرز اللزج) وكعك بوريكي توك (كعك معد من الشعير)، ومن أشهر أنواع الكعك في هذه المحافظة هي كعكة جابان توك (كعك معد من الأرز) والذي يعد عن طريق عجن مسحوق الأرز اللزج بمعجون الفلفل ومن ثم قلي العجينة على شكل قطعة كعكة مستديرة ورقيقة، وبعد إتمام عملية قليها يتم نقعها بمحلول مغلي من صلصة الصويا والسكر ومسحوق الفلفل، وبعدها يتم تقطيعها لقطع صغيرة، وعادة ما يؤكل هذا النوع من الكعك كأطباق جانبية.

وجبة جون جو بيبمباب
(طبق أرز مع شرائح لحم البقر بالخضار)

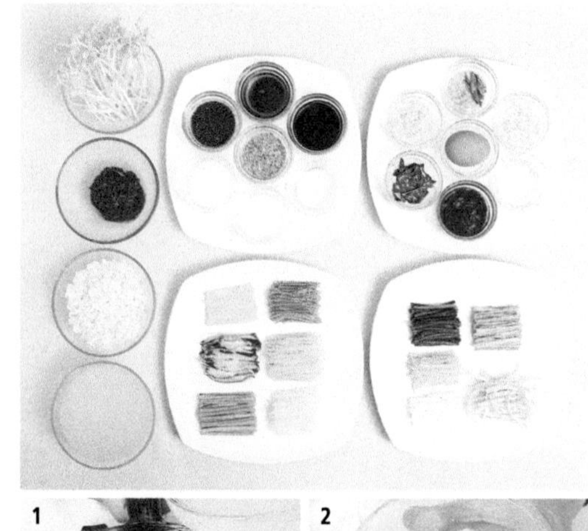

المكونات والمقادير

أرز 540 غم، شرائح لحم بقر نيء (أو لحم بقر مقلي) 150 غم، حساء لحم بقر 800 ملل، براعم الفول 100 غم، أعشاب الورت 100 غم، كوسا صغير 200 غم، جذور أزهار الجُريس 100 غم، نبات السرخس 150 غم، فطر مجفف 10 غم، فجل 80 غم، خيار 70 غم، جزر 70 غم، عجينة مسحوق الفول الأصفر 150 غم، بيض 400 غم (ما يعادل 8 بيضات)، تشاب سال كوتشو جانغ (معجون الفلفل الأحمر مع أرز لزج) 70 غم (أو ما يعادل أربع ملاعق كبيرة)، أعشاب بحرية مقلية، صنوبر، زيت قلي.

مكونات تتبيلة شرائح لحم البقر ومقاديرها ملعقة صغيرة من صلصة فول الصويا ، ملعقة صغيرة من نبيذ الأرز المصفى، ملعقة صغيرة من زيت السمسم، ثوم مطحون، حبوب سمسم، سكر.

مكونات تتبيلة الخضار (براعم الفول، أعشاب الورت، كوسا، جذور أزهار الجُريس) خلطة تتكون من الملح، ثوم مطحون ، سمسم مطحون، زيت السمسم .

مكونات تتبيلة الفطر المجفف صلصة فول الصويا، ثوم مطحون، سمسم مطحون، زيت السمسم.

مكونات تتبيلة الفطر والفجل مسحوق فلفل أحمر، ملح، ثوم مطحون، زنجبيل مطحون.

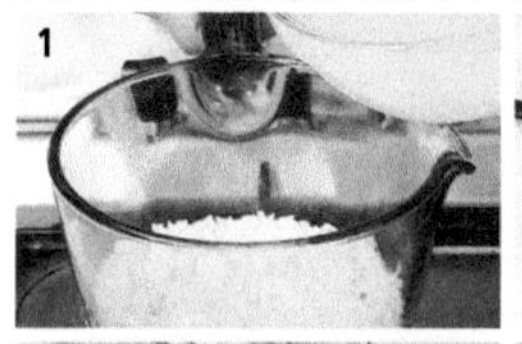
1

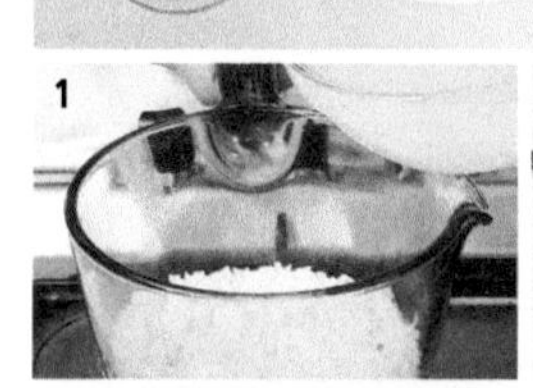
2

4

8

طريقة الإعداد

1. طهي الأرز بحساء لحم البقر، ثم قم بوضع الأرز المطهي بطبق كبير لتبريده.
2. تتبيل شرائح لحم البقر بخلطة تتبيلة اللحم.
3. سلق براعم الفول وأعشاب الورت بغليها بماء ساخن، ثم قم بتتبيلها بخلطة تتبيل الخضار.
4. قم بتشريح الكوسا لشرائح رقيقة، ثم قم بتمليحها ومن ثم عصرها لتصفية الماء الزائد منها، ثم قم بتقطيع جذور أزهار الجريس لقطع صغيرة، ومن ثم قم بنقعها بالملح لإزالة المذاق المر منها ولليونتها، بعد تصفية الماء منها قم بتتبيلها وثم قليها بالزيت.
5. نقع نبات السرخس بالماء لمدة ساعة أو ساعتين لتليينه، ثم قم بسلقه حتى تصبح سيقانه لينة، ثم قم بتقطيعها لقطع صغيرة، ثم قم بنقع الفطر المجفف بالماء ليصبح ليناً، ومن ثم تقطيعه لقطع رقيقة السماكة وقم بعدها بقلي القطع مع خلطة تتبيلة الفطر.
6. قم بتشريح الفجل لشرائح رقيقة، ثم قم بتتبيلها بالخلطة المعينة لها. أخيراً قم بتشريح الخيار والجزر لشرائح عادية الحجم.
7. قم بتشريح عجينة مسحوق الفول الأصفر لشرائح رقيقة، قم بقلي كل من بياض وصفار البيض على شكل طبقة رقيقة كل على حده. ثم تقطيع عشب البحر المقلي لقطع صغيرة.
8. توزيع كل المكونات المذكورة أعلاه على سطح طبق الأرز، ومن ثم أضف فوقها صلصة الفلفل الأحمر الحار على سطحها.
9. بإمكانك إضافة بيض نيء وصنوبر في الطبق وذلك حسب الذوق الشخصي.

ملاحظات

تُعرف مدينة جون جو بإنتاجها لأجود أنواع براعم الفول ذلك لما تتمتع به من أجواء ملائمة لزراعة مثل هذا النوع من النباتات علاوة على وفرة المياه العذبة بها ، وتعد شرائح لحم البقر وتتبيلتها المكونات الرئيسية عناصر مهمة تقرر مذاق وطعم هذه الوجبة الشهية والمميزة التي تشتهر بها مدينة جون جو. تؤكل أكلة جون جو بيبيمباب عادة مع أطباق جانبية كشوربة براعم الفول، وطبق من صلصة الفلفل الأحمر المقلية وطبق زيت سمسم وأخيراً طبق شوربة مخلل الفجل الأبيض المعروف بالناباك كمشي.

*تعد هذه الوجبة من أفضل الوجبات الكورية الصحية وتعتبر نموذجاً للأطعمة الكورية الصحية.

وجبة هوانج ديونج بيبيمباب
(طبق أرز مع شرائح لحم البقر النيئة والخضار)

المكونات والمقادير

أرز 360 غم، شرائح لحم بقر200 غم، براعم الفول 100 غم، سبانخ 80غم، عجينة مسحوق الفول الأصفر80 غم، ماء لطهي الأرز 470 ملل، بيض 200 غم، مسحوق ورقة واحدة من أعشاب اللافر البحرية المجففة، قليل من الملح.

مكونات تتبيلة شرائح لحم البقر ومقاديرها إضافة ملعقتين كبيرتين من صلصة فول الصويا، ملعقة كبيرة من الثوم المطحون، ملعقة كبيرة من زيت السمسم، ملعقة كبيرة من السكر، ملعقتان كبيرتان من مسحوق الفلفل الأحمر الحار.

مكونات صلصة التتبيلة ومقاديرها أربع ملاعق كبيرة من صلصة فول الصويا، ملعقتان كبيرتان من البصل المقطع، ملعقة كبيرة من الثوم المطحون، ملعقة كبيرة من زيت السمسم، ملعقتان صغيرتان من مسحوق الفلفل الأحمر الحار.

طريقة الإعداد

1. طهي الأرز بالطريقة الكورية العادية.
2. تقطيع لحم البقر لشرائح بحجم 5× 0.3× 0.3 سم، ومن ثم قم بتتبيلها بخلطة تتبيل اللحم.
3. سلق السبانخ وبراعم الفول كل على حده، مع إضافة ملح الى السبانخ فقط.
4. تقطيع عجينة الفول الأصفر لقطع بحجم 5× 0.3× 0.3 سم.
5. تحضير صلصة التتبيل بخلط مكوناتها المذكورة أعلاه.
6. قم بخلط الأرز المطهي بصلصة التتبيلة مع براعم الفول المغلية، وبعد خلطها قم بوضعها بطبق وأضف على سطحها السبانخ المسلوق وشرائح لحم البقر النيء.
7. إضافة أعشاب اللافر البحرية المجففة والبيض المقلي وعجينة الفول الأصفر، بإمكانك إضافة زيت سمسم وذلك حسب الذوق الشخصي. عادة تؤكل هذه الوجبة مع حساء شوربة دم الثيران.

ملاحظات

هناك العديد من الروايات المتداولة بين الأجيال عبر السنين عن كيفية نشأت طعام البيبيمباب منها ؛

1. الرواية الأولى تقول أن نشأة هذه الأكلة تعود الى عصر مملكة تشوسون، حيث كانت هذه الوجبة تعد في قصر العائلة الحاكمة كوجبة خفيفة لأفراد الأسرة المالكة وحاشيتها.
2. وتدعي الرواية الثانية أن وجبة البيبيمباب كانت تقدم للملك أثناء تنكره وتنقلاته وتخفيه في أماكن مختلفة خلال أوقات الحروب، وبما أنها كانت تقدم بأوقات حرجة كالحروب فإن قلة المواد الغذائية والأطباق وأواني الطهي بتلك الفترة فكان من الضروري خلط الأرز بأطباق الخضارالجانبية في طبق واحد وتقديمها كوجبة رئيسية بطبق واحد.
3. وتقول الرواية الثالثة أن هذه الوجبة كانت تعد للمزارعين في وقت الحصاد حيث ضيق الوقت لانشغال المزارعين بحصاد محاصيلهم، فكان من الصعب إعداد وجبة كاملة علاوة على صعوبة حمل الأطباق للحقول، فلذلك كان من السهل خلط الأرز بأطباق أخرى لتكوين وجبة رئيسية سريعة ومتكاملة في طبق واحد.
4. أما الرواية الرابعة المتداولة بين الناس هي أن هذه الوجبة كانت تعد للثوار خلال الثورة الكبرى المعروفة بثورة دونج هاك، ولقلة الوقت ولندرة أواني الطهي كان الثوار يخلطون الأرز بالخضار لإعداد وجبة رئيسية سريعة بطبق واحد.
5. أما الرواية الخامسة المتداولة فتدّعي أن هذه الوجبة كانت تعد في الاحتفالات الدينية ولقلة الوقت والأواني في مثل هذه المناسبات كانت تعد هذه الوجبة الرئيسية السريعة المتكاملة لاحتوائها على مواد غذائية عديدة.
6. أما الرواية الأخيرة فتدّعي أن الوجبة كانت تعد في احتفالات رأس السنة الكورية حيث لتجمعات الناس ولكثرة الزيارات ولضيق الوقت كانت تقدم كوجبة رئيسية سريعة بطبق واحد بتلك المناسبات.

وجبة تشامبونغو جيم
(طبق سمك الشَّبوط المطهي على البخار)

المكونات والمقادير

سمكتان من أسماك الشبوط ، فجل 200 غم، أوراق فجل مجففة 300 غم، فصوليا 20 غم، أوراق نبات السمسم 20 غم، نبات الورت 20 غم، أزهار نبات الأفسنتين أو أزهار الربيع 20 غم، بصل أخضر 35 غم، طحين 110 غم، ماء للعجين 80 ملل، ملعقة كبيرة من السمسم، نصف ملعقة كبيرة من زيت القلي، ماء.

مكونات التتبيلة ومقاديرها ملعقة كبيرة ونصف من صلصة فول الصويا، ملعقتان كبيرتان من مسحوق الفلفل الأحمر، ملعقة كبيرة من معجون الفلفل الأحمر الحار، ملعقة كبيرة من البصل المقطع، ملعقة كبيرة من الثوم المسحون، ملعقة كبيرة من الزنجبيل المسحون، نصف ملعقة كبيرة من الملح، ملعقة كبيرة من نبيذ الأرز المكرر، ملعقة صغيرة من السمسم المطحون، قليل من الفلفل الأسود.

طريقة الإعداد

1. تنظيف سمكة الشبوط بإزالة أحشائها الداخلية وحراشفها الخارجية ثم غسلها بالماء، ومن ثم قم بعمل عدة أثلام على جسده عن طريق عمل عدة خدوش بالسكين على كلا جانبي السمكة.
2. سلق أوراق الفجل المجففة عن طريق غليها بالماء ثم تصفية الماء منها ، ثم قم بتقطيع السمك ونبات الورت لقطع بطول 5 سم، ثم قم بتقطيع البصل الأخضر لقطع مناسبة وتقطيع الفجل لقطع صغيرة بحجم (4×5×1 سم)، ومن ثم تقطيع أوراق السمسم لقطع كبيرة نسبياً.
3. خلط الكميات المذكورة أعلاه من الماء والطحين ثم عجنه بشكل جيد.
4. قم بإعداد التتبيلة عن طريق خلط مكوناتها المذكورة أعلاه.
5. وضع زيت قلي بمقلاة سبق تسخينها، ومن ثم قم بعملية قلي كلا جانبي السمك بها.
6. وضع كل من المكونات المذكورة أعلاه من قطع الفجل والفاصوليا وأوراق الفجل المسلوقة بقدر، ثم ضع السمك فوقها وبعدها أضف إليها كمية الماء والتتبيلة، ومن ثم قم بعملية طهي المكونات بشكل تدريجي حتى إتمام طهيها بشكل جيد.
7. وضع قطع صغيرة من العجينة المعدة بالخطوة الثالثة بقدر به ماء ثم أضف كمية السمسم، ومن ثم قم بعملية الطهي لفترة قليلة، وبعدها قم بإضافة السمك ومن ثم أضف المكونات المذكورة أعلاه من الورت وأوراق السمسم وقطع البصل الأخضر والتتبيلة.

ملاحظات

يرجع تاريخ هذه الوجبة التقليدية المعدة بسمك الشبوط لفترة طويلة من الزمن حيث تم ذكرها في العديد من كتب إعداد الطعام التاريخية حيث تم شرح طرق طهيها تحت بند أسماك الشبوط المشوي والمطهية على البخار. وغالباً ما يتم صيد مثل هذا النوع من الأسماك النهرية في نهاية فصل الربيع وبداية فصل الصيف، ومنذ القدم تشتهرهذه الوجبة من السمك بمنطقة جنتشون حيث تكثر هناك العديد من البحيرات الصناعية لكثرة السدود المائية بتلك المنطقة.

وجبة دايهاب جيم

(سينغ هاب جيم ، طبق البطلينوس المطهي على البخار)

المكونات والمقادير

بطلينوس 2 كغم، خثارة فول الصويا 170 غم، لحم بقر 50 غم، بيض 200 غم، فطر اللاشين 5 غم، فلفل أحمر حار 60 غم، فلفل أخضر حار 60 غم، ملعقتان من الطحين.

مكونات صلصة التتبيلة ومقاديرها نصف ملعقة كبيرة من صلصة فول الصويا، بصل أخضر مقطع، ثوم مطحون، سكر، سمسم مطحون، زيت سمسم.

طريقة الإعداد

1. نقع البطلينوس بماء مالح لإزالة أية ترسبات عليه، وبعد نقعه قم بغسله بالماء بشكل جيد.
2. فصل القوقعة عن الجسد ثم تقطيعه لقطع صغيرة، مع مراعاة حفظ القواقع بطبق آخر.
3. لإعداد حشوة القواقع، قم بتقطيع لحم البقر وخثارة فول الصويا لقطع صغيرة، ومن ثم تتبيلها جميعاً بصلصلة التتبيلة عن طريق خلطها معاً بشكل جيد.
4. تنظيف القواقع وغسلها جيداً، ومن ثم قم بحشوها بالحشوة المعدة بالخطوة الثالثة، وبعد حشوها قم برش طبقة من الطحين عليها، قم بعدها برش طبقة رقيقة من صفار البيض فوقها ثم قم بطهيها بقدر البخار.
5. سلق ما تبقى من البيض، ثم فصل بياض وصفار البيض كل على حده، وبعد عملية الفصل قم بتمريرهما من خلال إناء منخلي، كل على حده، لفرمهما الى قطع دقيقية على شكل مسحوق ناعم، وأخيراً قم بتقطيع فطر اللاشين وقرون الفلفل الأخضر والأحمرالحارة.
6. نثر كافة المكونات المعدة بالخطوة الخامسة فوق القواقع المحشية المعدة بالخطوة الرابعة.

ملاحظات

تعد هذه الوجبة الكورية التقليدية موسمية حيث تؤكل عادة في موسم الربيع والخريف، ويتم إعداد هذه الوجبة عادة بخلط لحم البقر والفطر ولحم البطلينوس المستخرج من البحر وحشوها بداخل القواقع ومن ثم طهيها. ويرجع تاريخ هذه الأكلة الى عصر مملكة تشوسون حيث ذكر اسمها في كتاب « جيونجبو ساليم كيونجي » أحد كتب إعداد الأطعمة الكورية القديمة تحت اسم دايهابجونغ، بينما ذُكر اسمها بكتب أخرى ككتاب « الأطعمة الكورية التقليدية » تحت اسم دايهاب جيم (البطلينوس المطهي على البخار)، علاوة على ذلك قدم كتاب « ساليم كيونغجي» شرحاً تفصيلياً عن طريقة إعداد الوجبة قائلاً « إنه من المفضل إضافة البطلينوس المجفف على سطح الأرز بدلاً من أكلها كبطلينوس جاف أو كشوربة، وأضاف قائلاً أنه بالإمكان عمل مخلل منها بماء مالح وأكلها كمخلل «. وقيل إن هذا الطعام الكوري التقليدي كان يقدم كوليمة في أوقات المناسبات والاحتفالات.

كعكة سيوب جيون
(طبق كعكة الأقوحان بالمقلاة)

المكونات والمقادير

مسحوق الأرز اللزج 300 غم، ماء 100 ملم، ملعقتان كبيرتان من سوجو (خمر كوري مكرر)، سكر 75 غم ، زيت قلي.

مكونات التتبيلة ومقاديرها حبات كستناء 30 غم ، عنّاب 20 غم ، فطراللاشين 10 غم ، أوراق الأقوحان الصفراء 30 غم، وذلك لإعطاء نكهة مميزة للكعكة.

مكونات شراب التحلية ومقاديرها سكر 75 غم، ماء 100 ملم.

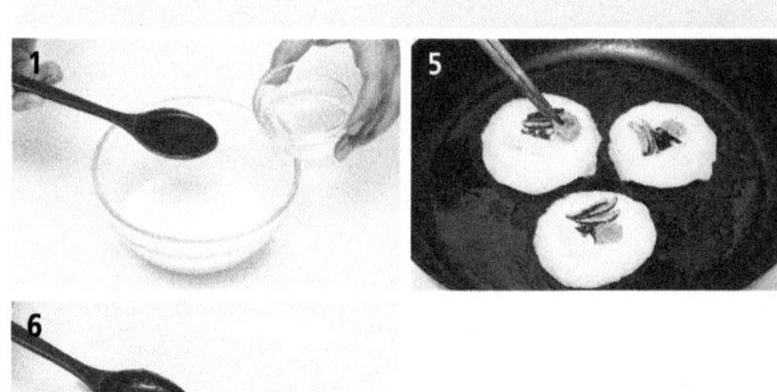

طريقة الإعداد

1. قم بخلط مسحوق الأرز اللزج و الماء والسوجو (نوع من أنواع الخمور التقليدية الكورية) جيداً.
2. تقشير الكستناء وتقطيعها لشرائح رقيقة، ثم قم بإزالة البذور من داخلها وتقطيعها الى شرائح رقيقة ، ثم قم بنقع فطر اللاشين بالماء حتى يصبح ليناً، ومن ثم قم بتقطيعه لشرائح رقيقة.
3. تغطية أوراق الأقوحان بطبقة رقيقية من مسحوق الأرز.
4. لإعداد شراب التحلية، ضع السكر بإناء وأضف إليه الماء ثم قم بغليه حتى تتبخر نصف كمية الماء.
5. وضع طبقة رقيقة من زيت القلي بمقلاة سبق تسخينها، ومن ثم قم بوضع جزء من المواد المعدة بالخطوة رقم واحد بداخلها ثم أضف فوقها شرائح الكستناء والعنّاب وفطراللاشين وأوراق الأقوحان الصفراء، ثم قم بقليها بالزيت بالمقلاة.
6. بعد عملية الانتهاء من عملية القلي أضف الى الكعكة شراب التحلية وهي ساخنة.

وجبة جونجو كيونغ دان
(طبق عوّامة جونجو المعدة من الأرز)

المكونات والمقادير

أرز لزج 900 غم، نصف كوب من قطع الكستناء، نصف كوب من قطع العنّاب، نصف كوب من ثمار البرسيمون المجففة، سكر 75 غم، ماء 150 ملم، ملعقة كبيرة من الملح.

طريقة الإعداد

1. غسل الأرز بالماء، ومن ثم نقعه بالماء لأكثر من خمس ساعات حتى يصبح ليناً، وبعد نقعه أضف إليه الملح، ومن ثم قم بطحنه وبتنخيله بتمريره من منخل.
2. إضافة الماء بخطوات تدريجية الى مسحوق الأرز المعد أعلاه ، ومن ثم قم بخلطه وعجنه بشكل جيد حتى تتكون عجينة لينة منه.
3. قم بلف عجينة الأرز بقطعة قماش قطنية نظيفة، ثم قم بتقطيعها الى كرات صغيرة بحجم الكستناء.
4. لإعداد شراب التحلية، قم بوضع كميات الماء والسكر المذكورة أعلاه في وعاء، ومن ثم قم بغليهما حتى يصبح المحلول لزجاً ، ثم قم بوضع كريات الأرز المعدة بالخطوة الثالثة بداخله، ومن ثم قم بعملية طهي الكريات بداخل الشراب.
5. بعد أن تطفو الكريات على سطح شراب التحلية، قم بإزالتها ومن ثم غسلها بماء بارد، بعد إتمام عملية الغسل قم بتصفية الماء منها عن طريق وضعها بداخل منخل أو مصفي الماء.
6. نشر قطع الكستناء والعنّاب وثمار البرسيمون المجففة، كل على حده، في داخل صينية، ومن ثم ضع الكريات المعدة فوقها ورشها بما تبقى من قطع الكستناء.

[محافظة جوللا نام دو]

تتصف الأطعمة في محافظة جوللا نام دو بتنوع كبير جدا بدرجة أن خصائصها لا يمكن وصفها بكلمة واحدة. وتقسم هذه المحافظة إلى المنطقة الواقعة على السواحل الجنوبية الغربية والمنطقة الجبلية التي تقع في شمال غرب المحافظة، ويتناول الناس في المنطقة الأولى الأطعمة من الثروة البحرية، ويستخدمون كميات كبيرة من مسحوق الفلفل الأحمر والأسماك المملحة في إعداد الكمتشي. ومن ناحية أخرى، يأكل الناس في المنطقة الثانية خضار برية كثيرة يحصلون عليها في الجبال، ويعدون الكمتشي بكميات كبيرة من مسحوق الفلفل الأحمر، وكمية قليلة من الأسماك المملحة. وتشتهر هذه المحافظة بأشجار الخيزران، فنجد أطعمة كثيرة تعد باستخدام الخيزران. ويتعود سكان المحافظة على إعداد الحساء من أوراق الشعير. كما أن سمك الورنك هو أحب مادة تستخدم في إعداد الأطعمة في المناسبات المهمة مثل حفلة الزواج. وتعد مخللات الكمشي في هذه المحافظة عادة من خضار كثيرة منها الملفوف الكوري، فجل صغير وكبير، خيار، أوراق نبات الخردل وسيقانها، الخس الكوري، بصل أخضر، فلفل، ثوم، طحالب بحرية، ويمتاز طبق الكمشي في هذه المحافظة بطريقة إعداده حيث يستخدم الكثير من الأسماك البحرية المملحة ومسحوق الفلفل، ومختلف الأنواع من الفجل، والخيار، وأوراق نبات الخردل، وبصل أخضر، وفلفل أخضر حار، وثوم، وطحالب بحرية وغيرها.

بينما يمتاز كعك محافظة جوللا نام دو بإعداده بخلط كميات كبيرة نسبياً من الملح والسكر مع مسحوق الكعك، ويعود اللون الأزرق لهذا الكعك لاحتوائه على أوراق نبات الورت.

وجبة دي تونغ باب
(طبق أرز معد بداخل سيقان أشجار الخيزران)

المكونات والمقادير

أرز عادي غير لزج 150 غم (ثلاثة لأربعة أكواب)، أرز غير مطحون 30 غم، شعير 30 غم، أرز أسود 10 غم، كستناء 130 غم، كستناء الجنكة، عنّاب 16 غم، ماء.

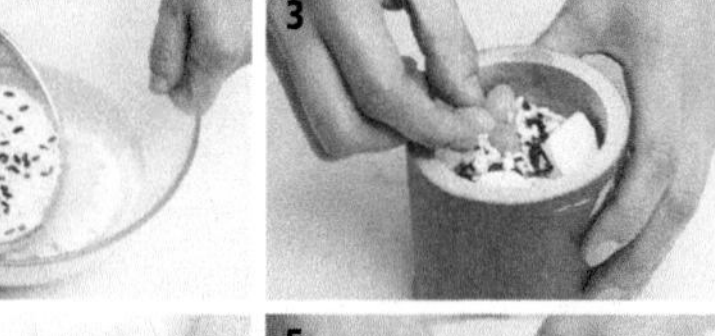

طريقة الإعداد

1. خلط كميات الأرز اللزج والأرز العادي والأرزالأسود والشعير بشكل جيد وغسلها بالماء ، ومن ثم قم بنقعها بالماء لمدة ليلة واحدة حتى تصبح لينة.
2. قم بحشي الأرزالمنقوع المعد أعلاه بداخل سيقان نبات الخيزران، ثم قم بسكب الماء فوقه ليصل مستوى الماء الى 1 سم فوق سطح الأرز.
3. إضافة الكستناء العادية وكستناء الجنكة والعنّاب على سطح الأرز، ثم قم بتغطيتها بورق هان جي (وهي نوع من أنواع الأوراق الكورية التقليدية).
4. وضع سيقان الخيزران المحشية بالأرز في قدر، ثم قم بإضافة ماء فوقها ليصل مستوى الماء الى نصفها، ثم قم بطهيها بالقدر بغليها لمدة أربعين دقيقة.
5. بعد أربعين دقيقة اطفىء الغاز تحت القدر اتركه لمدة تتراوح ما بين خمس لعشر دقائق.

وجبة يوكهو بيبيمباب

(طبق الأرز بشرائح لحم البقر النيء)

المكونات والمقادير

أرز مطهي 840 غم، لحم بقر 200 غم، براعم الفول 100 غرام، سبانخ 100 غم، كوسا صغير 100 غم، فطر الأناناس 100 غم، شرائح الفجل الأبيض 100 غم، خس 5 غم، بيض 200 غم، مسحوق عشب اللافر البحري المجفف 25 غم، أربعة ملاعق كبيرة من صلصة الفلفل الأحمر الحار، ملعقة كبيرة من مسحوق الفلفل الأحمر الحار، ست ملاعق كبيرة من البصل الأخضر المقطع، ثلاث ملاعق كبيرة من الثوم المطحون، ملعقة كبيرة من الملح، صلصة الصويا الغير مركزة، سمسم مطحون، زيت سمسم.

طريقة الإعداد

1. تقطيع لحم البقر لشرائح بحجم (5× 0.2 × 0.2 سم)، ثم قم بتتبيل الشرائح بزيت السمسم والسمسم المطحون.
2. غسل براعم الفول ووضعها بقدر مع إضافة ملح لها، ثم قم بغليها ، وبعدها قم بتتبيلها بقطع البصل الأخضر وبالثوم المسحون وبالملح وبزيت السمسم.
3. غلي السبانخ ثم غسله بماء بارد وبعدها تصفيته من الماء الزائد، ثم قم بتتبيله بالبصل الأخضر المقطع وبالثوم المسحون وبصلصة الصويا وبزيت السمسم.
4. غلي نباتات السرخس اللينة ثم تتبيلها بالثوم المسحون وبصلصة الصويا وبزيت السمسم وبالسمسم المطحون، ثم قم بعدها بقليها بمقلاة مع مراعاة تحريكها باستمرار أثناء عملية القلي.
5. تقطيع الكوسا لشرائح بحجم (5× 0.2 × 0.2 سم)، ثم قم بتقطيع فطرالأناناس باليد فوقها، ثم قم بإضافة زيت السمسم والملح ثم قليها جميعاً بمقلاة، وبعد الانتهاء من عملية القلي قم بتقطيع السبانخ فوقها لقطع بحجم 0.2 سم.
6. إضافة مسحوق الفلفل الأحمر الحار والثوم المسحون والملح وزيت السمسم والسمسم المطحون الى شرائح الفجل، ومن ثم قم بخلطها جميعاً بشكل جيد.
7. ضع الأرز المطهي بطبق ثم ضع فوقه كافة المواد المعدة أعلاه، ومن ثم قم بوضع صفار البيض والسمسم المطحون وصلصة الفلفل الأحمر الحار ومسحوق عشب اللافر البحري المجفف فوقها.

وجبة ناجو كومتانغ
(طبق حساء عظام الثور المطهية بطريقة ناجو)

المكونات والمقادير

عظم ثور، لحم بقر (من القصبة ، الساق) 150 غم، فجل أبيض 200 غم، بصل 50 غم، بصل أخضر 35 غم، ثوم 15 غم، ثوم مسحون، مسحوق الفلفل الأحمر الحار، ملح، زيت سمسم، حبيبات سمسم، بيض 50 غم، ماء.

طريقة الإعداد

1. وضع عظام الثور في قدر، ثم إضافة ماء كاف عليها، ومن ثم قم بغليها لمدة طويلة ، وبعد الانتهاء من عملية الغلي قم بسكب حساء العظم في إناء آخر، مع مراعاة حفظه.
2. قم بإضافة ماء فوق عظام الثور مرة ثانية، ثم قم بغليها حتى يصبح لون الحساء أبيضاً صافياً، ثم قم بخلطه بالحساء المعد بالخطوة الأولى.
3. إضافة لحم البقر والفجل والبصل والثوم وبعض البصل الأخضر للحساء المعد أعلاه ثم قم بغليه.
4. بعد إتمام عملية طهي لحم البقر قم بتقطيعه لشرائح رقيقة وأضف إليها ما تبقى من البصل الأخضر.
5. تصفية الحساء المعد بالخطوة الثالثة حتى الحصول على حساء صافي اللون.
6. قلي صفار وبياض البيض كل على حده على شكل طبقة رقيقة ، ثم قم بعدها بتقطيعه لشرائح بحجم (5× 0.2 ×0.2 سم).
7. ضع الحساء المعد بالخطوة الخامسة في طبق وضع فيه شرائح لحم البقر المعدة بالخطوة الرابعة، ثم أضف إليه كل من قطع البصل الأخضر المقطع والثوم المسحون وقطع بياض وصفار البيض وحبات السمسم وزيت السمسم ومسحوق الفلفل الأحمر الحار، ثم قدم الوجبة مع طبق ملح منفصل.

ملاحظات

لحساء ناجو كومتانغ مذاق مميز وخاص، فمذاقه مختلف عن بقية أنواع الحساء الأخرى مثل حساء السولونج تانج، حيث أن هذا النوع من الحساء لا يتطلب إضافة أحشاء أو أمعاء البقر إليه، فمميزات هذا الحساء هي استخدام أجزاء من القصبة أوساق البقر مما يجعله حساء صاف بمذاق مميز.

وجبة جوكسون تانغ

(طبق حساء معد بأغصان نبات الخيزران الينعة)

المكونات والمقادير

أغصان نبات الخيزران الطرية 400 غم، دجاجة صغيرة (وزنها حوالي 800 غم)، ملعقتان كبيرتان من الأرز اللزج، ثوم 20 غم، ماء أرز 600 ملم، ماء 2.4 لتر، ملعقة صغيرة من الملح، فلفل أسود.

طريقة الإعداد

1. غسل الدجاجة من الخارج والداخل بشكل جيد.
2. قم بغلي أغصان الخيزران بماء الأرز، ومن ثم قم بنقعها بماء فاتر وذلك لإزالة المذاق المر منها.
3. غسل الأرز ثم نقعه بالماء ليصبح ليناً.
4. قم بحشي الدجاجة بالأرز المنقوع والثوم، ومن ثم قم بتخيطها بخيط قطني.
5. ضع الدجاجة المحشية بالقدر المحتوي على أغصان الخيزران ثم أضف إليها كمية كافية من الماء، ومن ثم قم بعملية طهي الدجاجة مع الأغصان بغليها بالماء.
6. بعد الانتهاء من عملية طهي الدجاجة قم برفع الدجاجة وأغصان الخيزران من الحساء، ثم أضف الى الحساء ملح وفلفل أسود.
7. تقطيع الدجاجة وأغصان الخيزران بطبق ثم إضافة الحساء إليهما.

وجبة قوماك موتشيم

(طبق البطلينوس الينع المتبل)*

المكونات والمقادير

بطلينوس صغير400 غم، ماء، ملح.

مكونات التتبيلة ومقاديرها ملعقتان كبيرتان من صلصة الصويا ، ملعقة كبيرة من مسحوق الفلفل الأحمر الحار، ملعقتان كبيرتان من البصل الأخضر المقطع، ملعقة كبيرة من الثوم المسحون، نصف ملعقة كبيرة من الزنجبيل المسحوق، ملعقة صغيرة من السكر، زيت سمسم، حبات سمسم، شرائح من قرون الفلفل الأحمرالحار.

طريقة الإعداد

1. غسل البطلينوس بالماء ثم نقعه بماء مالح لمدة ساعتين وذلك لإزالة أية ترسبات عليه.
2. إعداد صلصة التتبيلة بخلط مواد التتبيلة المذكورة أعلاه.
3. غلي البطلينوس بقدر، ومن ثم خفف الغاز تحت القدر وقم بغليه على نار هادئة مع مراعاة تحريكه أثناء عملية الغلي، ومن ثم قم برفع البطلينوس من القدر قبل أن تتفتح قواقعه.
4. قم بإزالة إحدى فصي القوقعة ومع ترك الفص الثاني على أجساد البطلينوس، ثم ضع القواقع بطبق.
5. قم بنثر صلصة التتبيله فوق البطلينوس.

*تعتبر هذه الوجبة من أشهر الأطعمة وأكثرها شعبية بين الكوريين في كوريا.

وجبة باجيراك هوموتشيم
(طبق البطلينوس المتبل)

المكونات والمقادير

لحم بطلينوس قصير الرقبة 300 غم (أو ما يعادل كوبين ونصف الكوب)، كوسا 400 غم، خيار 145 غم، عشبة الورت 80 غم، جزر 50 غم، بصل أخضر صغير 30 غم.

مكونات تتبيلة الفلفل الأحمر الحار بالخل ومقاديرها ثلاث ملاعق كبيرة من معجون الفلفل الأحمر الحار، ثلاث ملاعق كبيرة من مادة الخل، ملعقتان كبيرتان من مسحوق الفلفل الأحمر الحار، ملعقتان كبيرتان من السكر، ملعقة كبيرة من الثوم المسحون، ملعقة كبيرة من السمسم، ملعقة صغيرة من الملح.

طريقة الإعداد

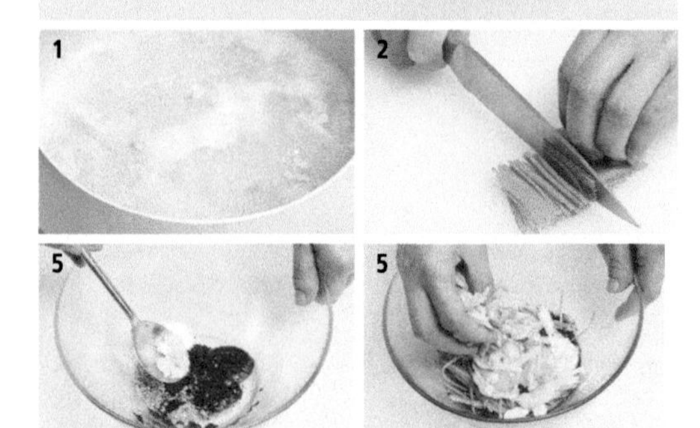

1. وضع البطلينوس بقدر به ماء ساخن ثم سلقه بغليه لدرجة الغليان.
2. قم بتقطيع الكوسا والجزر لشرائح بحجم (5×0.3 × 0.3 سم)، ثم قم بتقشير الخيار وتقطيعه لقطع بطول 0.3 سم.
3. تقطيع عشبة الورت لقطع بطول ٥ سم، ثم قم بغليها بقدر به ماء.
4. تقطيع أوراق البصل الأخضر لقطع بطول 2 سم، أما سيقانه البيضاء فقم بتقطيعها لقطعتين فقط.
5. خلط جميع المواد المعدة أعلاه مع البطلينوس المسلوق بصلصلة الخل بشكل جيد.

ملاحظات

بإمكانك إعداد الوجبة باستخدام أنواع أخرى من البطلينوس.

وجبة كيم بوكاك
(طبق عشب اللافر البحري المقلي)

المكونات والمقادير

عشب اللافر البحري المجفف 200 غم (ما يعادل 100 صفيحة من صفائح أوراق اللافر المجففة)، مسحوق الأرز اللزج 500 غم، حساء مكوناته (سمك الآنشوفه وهو نوع من أنواع السمك الصغير، عشب الكِلب البحري، فطر وماء 1.6 ليتر)، سمسم 90 غم، ثلاثة أكواب من زيت القلي، ملح، صلصة الصويا.

طريقة الإعداد

1. تحضير عشب اللافر البحري
2. إضافة مسحوق الأرز الى الحساء المعد بسمك الآنشوفة المذكور أعلاه ، ثم أضف اليه الملح وصلصة الصويا ، ومن ثم قم بتحريكه بمغرفة خشبية حتى يصبح مسحوق الأرز لزجاً .
3. ضع صفيحة من صفائح عشب اللافرالمجففة فوق مفرمة كبيرة ، ثم قم بتغطية محلول مسحوق الأرز اللزج المعد أعلاه لها ، ومن ثم قم بنثر حبيبات السمسم فوقها ووضع صفيحة أخرى من صفائح عشب اللافر عليها، ومن ثم قم بتجفيف صفائح اللافر المطلية بمسحوق الأرز تحت أشعة الشمس .
4. بعد أن تصبح الصفائح جافة تماماً ، قم بتقطيعها للأربع قطع ثم قم بحفظها في مغلافات بلاستيكية مخصصة لحفظ الطعام ، وقبل إعداد الوجبة قم بإخراجها ثم قم بقليها لفترة وجيزة على نار هادئة .

وجبة دولكي سونغ إي بوكاك
(طبق عناقيد أزهار السمسم البري المقلية)

المكونات والمقادير

عناقيد أزهار السمسم البري 30 غم، مسحوق الأرز اللزج 100 غم، ماء 400 ليتر،
ملعقتان صغيرتان من الملح، زيت قلي.

طريقة الإعداد

1. غسل عناقيد أزهار السمسم البري بالماء جيداً، ومن ثم قم بتصفية الماء منها بمصفى ماء.
2. إضافة الماء الى مسحوق الأرز ثم أضف اليه الملح، ومن ثم قم بتحريكه بمغرفة خشبية حتى يصبح محلول مسحوق الأرز لزجاً.
3. قم بوضع معجون الأرز اللزج المعد أعلاه فوق عناقيد أزهار السمسم البري، ثم قم بوضع العناقيد المطلية بمحلول الأرز اللزج، كل عنقود على انفراد، بصينية كبيرة، ثم قم بتجفيفها تحت أشعة الشمس، ثم قم بإعادة وتكرارعملية إضافة مسحوق الأرز اللزج وعملية التجفيف تحت أشعة الشمس ثلاث مرات.
4. بعد أن تصبح العناقيد المطلية جافة تماماً، قم بحفظها بمغلافات بلاستيكية مخصصة لحفظ الطعام.
5. لإعداد الوجبة، قم بإخراج العناقيد المجففة من مغلفاتها، ثم قم بقليها لفترة وجيزة على نار هادئة.

وجبة أكاسيا بوكاك

(طبق أزهار الأكاسيا « أقاقيا « المقلية)*

المكونات والمقادير

أزهار الأكاسيا 300 غم، نصف كوب من معجون الأرز اللزج، زيت قلي.

طريقة الإعداد

1. غسل أزهار الأكاسيا بالماء جيداً وتصفية الماء الزائد منها بمصفى ماء.
2. قم بوضع معجون الأرز اللزج على كلا جهتي أزهار الأكاسيا، ثم قم بوضعها كل على انفراد بصينية كبيرة، ومن ثم قم بتجفيفها في الظل. إعادة عملية إضافة معجون الأرز اللزج مرة ثانية على الأزهار، ومن ثم قم بتجفيفها تحت أشعة الشمس، وبعد جفافها قم بحفظها في مغلافات بلاستيكية مخصصة لحفظ الأطعمة.
3. لإعداد الوجبة، قم بإخراج الأزهار المجففة من مغلفاتها، ثم قم بقليها لفترة وجيزة على نارهادئة.

*وجبة مشهورة تؤكل عادة كوجبة خفيفة وذلك لمذاقها الحلو ولرائحتها الشهية.

وجبة كنّيب بوكاك
(طبق أوراق نبات السمسم المقلية)

المكونات والمقادير

أوراق نبات السمسم، طحين، شراب حبوب (أو شراب الدكستروز « سكر العنب «)، بصل أخضر مقطع، ثوم مسحون، زنجبيل مسحون، ملح، زيت سمسم، زيت قلي.

طريقة الإعداد

1. غسل أوراق نبات السمسم بالماء، ثم قم بنقعها بالماء لمدة عشرة دقائق ثم غسلها بالماء مرة ثانية.
2. خلط أوراق السمسم المنقوعة بالطحين، ثم سلقها بالماء لمدة نصف ساعة.
3. تجفيف أوراق السمسم المسلوقة تماماً، ومن ثم قليها بزيت القلي.
4. قم بخلط كل من شراب الدكستروز والبصل الأخضرالمقطع والثوم المسحون والزنجبيل المسحون والملح وزيت السمسم جيداً، ومن ثم قم بغلي الخليط بشكل جيد.
5. نقع أوراق نبات السمسم المقلية بالشراب، ومن ثم تركها لتبرد.

حلويات موياكوا

(طبق حلويات معدة بالعسل)

المكونات والمقادير

كيلو من الطحين، زنجبيل 20 غم، كوب من نبيذ الأرز المكرر، نصف كوب من زيت القلي، نصف كوب من زيت السمسم، ملعقتان صغيرتان من مسحوق القرفة، ملعقة كبيرة من الملح، قليل من جوز الصنوبر .

مكونات شراب التحلية ومقاديرها كوبان من شراب الدكستروز، ملعقتان صغيرتان من السكر، ماء 200 ملل.

طريقة الإعداد

1. خلط الكميات المذكورة أعلاه من الطحين ومسحوق القرفة والملح وزيت السمسم والزيت العادي جيداً، ومن ثم قم بتنخيلها بتمريرها من خلال منخل بفركها باليد من خلاله.
2. طحن الزنجبيل للحصول على كمية من عصارته، ومن ثم قم بخلطها بنبيذ الأرزالمكرر.
3. قم بخلط المواد المعدة بالخطوة الأولى والثانية وعجنها حتى الحصول على عجينة متماسكة.
4. قم بترقيق العجينة المتماسكة المعدة أعلاه بالشوبك بترقيقها بسماكة 0.5 سم، ومن ثم قم بتقطيعها لقطع بأحجام صغيرة بحجم 3×3 سم.
5. قلي قطع العجينة على ثلاث مراحل ؛ الأولى لمدة عشرة دقائق على درجة حرارة 150 درجة مئوية والمرحلة الثانية لمدة خمسة عشرة دقيقة على درجة حرارة مئة درجة مئوية والثالثة لمدة خمس دقائق على درجة 150 درجة مئوية.
6. تحضير شراب التحلية عن طريق خلط الكميات المذكورة أعلاه من شراب الدكستروز والسكر والماء وغلي الخليط معاً، ومن ثم قم بإضافة شراب التحلية على قطع العجينة المقلية المعدة بالخطوة الخامسة.

حلويات سينغ كانغ جونغ كوا
(طبق الزنجبيل المُحلى)

المكونات والمقادير

زنجبيل 100 غم، كوبان من شراب الدكستروز، ثلاث ملاعق كبيرة من السكر، نصف ملعقة صغيرة من الملح.

طريقة الإعداد

1. تقشير الزنجبيل، ومن ثم تشريحه لشرائح صغيرة ورقيقة السمك.
2. وضع قطع الزنجبيل المقشرة مع قليل من الملح بقدر به ماء ، ومن ثم غليها، وبعد إتمام عملية الغلي قم بغسلها بماء بارد وبعد الغسل قم بوضعها على صينية.
3. خلط شراب الدكستروز والسكر بالماء، ومن ثم غلي الخليط على نارعالية، وبعد إتمام عملية غليه أضف إليه قطع الزنجبيل ، ومن ثم قم بطهيها بمحلول شراب التحلية على نارهادئة بدون غطاء للقدر، مع مراعاة إزالة وقشط الفقاعات الرغوية المتكونة أثناء عملية الغلي، الاستمرار بعملية الغلي حتى تحصل على محلول لزج.
4. بعد الحصول على لزوجة تامة لمحلول الشراب، قم بإزالة قطع الزنجبيل قطعة قطعة منه، ومن ثم تركها لتبرد لفترة من الزمن.

ملاحظات

يدعى هذا النوع من الحلوى الكورية اللزجة ذات المذاق الحلو باسم «جونع كوا»، وعادة ما يُعدّ مثل هذا النوع من الحلويات عن طريق طهي بمحلول من السكر أو العسل، العديد من المواد كجذور الخضار وسويقاتها، الفاكهة، ثمار العُليق كجذور زهرة اللوتس، أزهار الجُريس، الزنجبيل، وجذور نبات الجنسنغ، السفرجل الأصفر، أعشاب الأترُجية العطرة، العنب الصيني، وبالإمكان قلي مثل هذا النوع من الحلويات اللزجة لتصبح نوعاً من أنواع الحلويات الجافة.

حلويات دودوك سامبيونغ

(طبق حلويات الدودوك بالسمسم)

المكونات والمقادير

جذور نبات الدودوك 230 غم، مسحوق الأرز اللزج، سمسم، سمسم أسود، زيت قلي.

طريقة الإعداد

1. تقشير جذور نبات الدودوك، ومن ثم غسلها بشكل جيد.
2. تحميص حبات السمسم والسمسم الأسود بمقلاة، ومن ثم دقها بمدق لطحنها بشكل جيد.
3. خلط جذور الدودوك مع مسحوق الأرز اللزج، ومن ثم قليها بالزيت.
4. بعد الانتهاء من عملية قلي الجذور، أضف إليها مسحوق كل من حبات السمسم العادي والأسود المحمصة والمطحونة المعدة بالخطوة الثانية.

محافظة كيونغ سانغ بوك دو

تعد هذه المحافظة من أكثر المحافظات حفاظا على العادات والتقاليد الكورية في كوريا، وهذا يساعد على أن أطعمة المحافظة تتطور إلى أطعمة متميزة تمثل خصائص المحافظة، وعموماً تمتاز أطباق هذه المحافظة ببساطة إعدادها وبمذاقها الحار والمالح. وهناك في المحافظة مدينة أندونغ التي تمتاز بتقديم أطباق المراسيم المتمثلة بالتقاليد والعادات الكونفشية، ومدينة كيونغجو التي تشتهر بتقديم أطباق من أطعمة البلاط وأطعمة الطقوس مثل الخمر والكعك، ويتجلى تأثر هذه الأطعمة بالثقافة البوذية لمملكة شيلا التي كانت كيونغجو عاصمة لها خلال ألف سنة، ومدينة سونغجو التي تشتهر بتقديم أطباق من الأطعمة المتميزة التي كان يتوارثها أفراد العائلات من جيل إلى جيل. تتنوع أطباق الأطعمة في هذه المحافظة حسب المواسم وفصول السنة حيث لكل فصل من فصول السنة خضارة ومواد غذائية خاصة به، وهناك محصول كبير من الأرز في هذه المحافظة التي يُزرع في سهولها الخصبة المحاذية لضفاف نهر ناك دونغ، علاوة على أن هذه المحافظة تحتل وتمتد أطول السواحل الشرقية الكورية، لذلك هناك العديد من الأطعمة البحرية والمنتجات البحرية ومشتقاتها. أما المناطق الجبلية منها فتشتهر بزراعة البطاطا العادية والحلوة منها والحنطة السوداء والذرة.

وجبة تيكو بيبمباب
(طبق أرز مسلوق على البخار مع سلطعون)

المكونات والمقادير

أأرز مسلوق **840** غم، سلطعون عدد **2**، خيار **150** غم، كوسا **120** غم، جزر **120** غم، زهرة الجريس **80** غم، بيض **50** غم، أعشاب اللافر المجففة **2** غم، ملعقة كبيرة من الملح، ملعقة صغيرة من زيت القلي، نصف ملعقة كبيرة من زيت السمسم، ملعقة كبيرة من الثوم المسحون، ملعقة كبيرة من السمسم المطحون، قليل من السكر.

طريقة الإعداد

1. غسل السلطعون بالماء بشكل جيد، ثم قم بوضعه بداخل قدر ملقاة على ظهره، ومن ثم قم بسلقه لمدة عشر دقائق.

2. تقشير كل من الكوسا والخيار ثم تقطيعها لقطع بطول **5** سم، ومن ثم تمليح القطع بالملح، وبعد الانتهاء من عملية التمليح قم بقلي القطع بالزيت.

3. تقطيع الجزر لقطع بحجم (**5×0.5×0.2** سم)، ثم قم بسلق القطع بغليها بماء به ملح حتى درجة الغليان، وبعد الانتهاء من عملية غليها، قم بإخراج القطع من الماء ثم أضف إليها ملح، ومن ثم قم بقليها بزيت السمسم.

4. تقطيع زهرة الجريس أولاً لقطع بطول **5** سم، ومن ثم تقطيعها لقطع صغيرة ورقيقة، ثم قم بفرك القطع بالملح وذلك لإزالة طعم المرارة منها، ثم قم بسلقها بالماء، وبعد الانتهاء من عملية سلقها قم بإخراجها من الماء، ثم قم بتتبيلها بالكميات المذكورة أعلاه من السكر والثوم المسحون والسمسم المطحون وزيت السمسم، ومن ثم قم بقلي القطع المتبلة بالزيت.

5. قلي بياض البيض وصفاره، كل على حده، على شكل طبقة رقيقة، وبعد الانتهاء من عملية القلي قم بتقطيعها لشرائح رقيقة بحجم (**5×0.2×0.2**).

6. شوي أعشاب اللافر المجففة ، ومن ثم قم بتفسيخها قليلاً.

7. قم بإزالة أحشاء وغلاف السلطعون المغلي، ثم قم بتفسيخ وإزالة اللحم الموجود على أقدامه.

8. وضع كميات من الأرز المسلوق بأطباق، ثم ضع فوقه الخضار المعدة في كل من الخطوة الثانية والثالثة والرابعة وقطع من لحم السلطعون المفسخة، ثم قم بإضافة قطع من أعشاب اللافر وقطع من بياض وصفارالبيض المقلية فوقها.

وجبة جوباب
(طبق أرز بحبات الدُّخن - نبات الجاورس)

المكونات والمقادير

أرز 270 غم، حبات الدّخن اللزجة 75 غم، ماء 470 ملل.

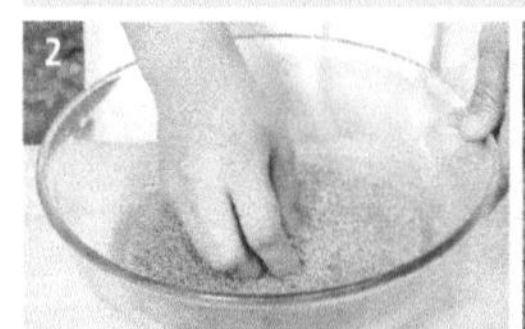

طريقة الإعداد

1. غسل الأرز بالماء جيداً، ومن ثم قم بنقعه بالماء لمدة ثلاثين دقيقة.
2. غسل حبات الدّخن اللزجة بالماء بشكل جيد، ومن ثم نقعها بالماء لمدة ثلاثين دقيقة ، بعد إتمام عملية النقع قم بإزالة الماء عنها ، مع مراعاة حفظ الماء المزال عنها بإناء.
3. أضف الماء المزال بالخطوة الثانية الى الأرز المنقوع، ومن ثم قم بغليه بقدر حتى درجة الغليان، وبعد وصوله درجة الغليان قم بإضافة حبات الدخن المنقوعة إليه، ومن ثم قم بعملية غلي محتويات القدر مرة ثانية.
4. بعد الانتهاء من عملية الغلي اترك الطبخة تبرد حتى تترسب حبات الأرز بقاع القدر.

ملاحظات

بالإمكان إعداد الوجبة بخلط وبغلي الأرز مع حبات الدخن معاً بدلاً من غليها كل على حده، وكذلك بالإمكان إضافة فاصوليا حمراء وفول الصويا أو حبات الدخن الهندية.

تيكو يوككي جانغ

(طبق حساء لحم البقر المتبل بطريقة مدينة تيكو)

المكونات والمقادير

لحم بقر (من الضلوع) 600 غم، فجل 200 غم، براعم الفول 300 غم، سيقان بقلة القلقاس 200 غم، بصل أخضر 70 غم، ثلاثة ليترات من الماء، ملعقتان صغيرتان من مسحوق الفلفل الأحمر الحار، ملعقة صغيرة من زيت السمسم، ملعقة صغيرة من الملح.

مكونات التتبيلة ومقاديرها ؛ ملعقتان كبيرتان من صلصة الصويا المخففة، ملعقة كبيرة من البصل الأخضر المقطع، ملعقة كبيرة من الثوم المسحون، ملعقة صغيرة من السمسم المطحون، قليل من الفلفل الأسود.

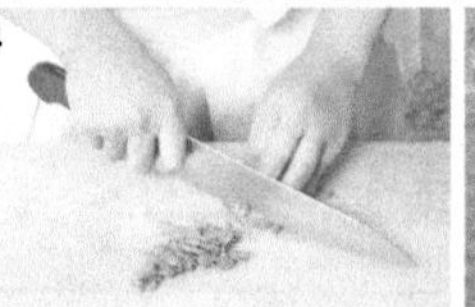

طريقة الإعداد

1. تقطيع لحم البقر والفجل لقطع، ثم قم بطهيها معاً حتى درجة الغليان على نار هادئة.
2. قطع الأجزاء السفلية من براعم الفول، ثم قم بسلقها بالماء، وبعد إتمام عملية سلقها قم بغسلها بماء بارد، وبعد عملية الغسل قم بتصفية الماء عنها.
3. غلي سيقان بقلة القلقاس بالماء ثم غسلها بماء بارد، ومن ثم قم بتقطيعها لقطع بطول 10 سم.
4. بعد إتمام عملية طهي لحم البقر والفجل بالخطوة الأولى، قم بإزالتها من القدر، ثم قم بتقطيع اللحم لشرائح رقيقة، أما الفجل فتقطيعه لقطع مستطيلة بحجم (2×2× 0.5 سم)، وبعد إتمام عملية تقطيعها قم بتتبيل القطع بالتتبيلة المذكورة أعلاه.
5. وضع قطع سيقان بقلة القلقاس المسلوقة مع قطع البصل الخضر في حساء لحم البقر المعد بالخطوة الرابعة، ثم طهيهما معاً حتى درجة الغليان، وعند بدء غليانهما قم بإضافة كل من براعم الفول المسلوقة وقطع اللحم والفجل المتبلة للحساء، ثم قم بطهي محتويات القدر لدرجة الغليان مرة ثانية.
6. خلط كل من الكميات المذكورة أعلاه من زيت السمسم ومسحوق الفلفل الأحمر الحار ملعقتين كبيرتين من الحساء المعد بالخطوة الخامسة، ومن ثم قم بخلط المكونات بشكل جيد، بعد الانتهاء من عملية الخلط قم بإرجاع الخلطة إلى الحساء بالقدر، ثم قم بتحريك الحساء مع إضافة كمية من الملح.

ملاحظات

انتشرت هذه الوجبة من مدينة تيكو لكافة أنحاء كوريا أثناء الحرب الكورية التي وقعت بعام 1950، ويرجع سبب ذلك للجوء العديد من الناس إلى مدينة تيكو، ومن ثم تنقلهم لمدن مختلفة داخل كوريا خلال فترة الحرب.

وجبة دوبو سانغ تشي
(طبق سلطة خثارة الفول)

المكونات والمقادير

فجل 500 غم، خثارة الفول 120 غم، ملعقة صغيرة من الملح.

مكونات التتبيلة ومقاديرها ؛ ملعقتان كبيرتان من مسحوق الفلفل الأحمر الحار، ملعقة صغيرة من الملح، ملعقة كبيرة من زيت السمسم، ملعقة كبيرة من السمسم المطحون.

طريقة الإعداد

1. تقطيع الفجل لشرائح دقيقة بحجم (5×0.2×0.2 سم)، ثم قم بتمليحها بالملح.
2. سحن خثارة الفول بكعب السكين، ومن ثم قم بلف الخثارة المسحونة بقطعة قماش قطنية وعصرها قليلاً وذلك لإزالة الماء منها.
3. خلط كل من خثارة الفول المعصورة وشرائح الفجل ومسحوق الفلفل الأحمر الحار معاً بشكل جيد، ومن ثم قم بتتبيلها بإضافة كل من الملح والسمسم المطحون وزيت السمسم.

وجبة كاجامي جوريم

(ميجوكوري جوريم، مولكاجامي جوريم، طبق سمك موسى بالخضار)

المكونات والمقادير

سمك موسى المجفف **200** غم، قليل من حبات السمسم.

مكونات صلصة التتبيلة ومقاديرها قرنان مجففان من الفلفل الأحمر الحار، أربعة ملاعق من صلصة الصويا، ملعقة كبيرة من معجون الفلفل الأحمر الحار، ملعقتان كبيرتان من مسحوق الفلفل الأحمر الحار، نصف كوب من شراب الدكستروز، ملعقة كبيرة من السكر، ماء **200** ملل، ملعقة صغيرة من الثوم المسحون، قليل من زيت القلي.

طريقة الإعداد

1. تقطيع قرني الفلفل الأحمر المجففة لقطع بطول **1** سم.
2. خلط مكونات صلصة التتبيلة المذكورة أعلاه، ومن ثم قم بطهيها لدرجة الغليان، ثم تركها لتبرد.
3. تقطيع سمك موسى المجفف لقطع بحجم لقمة الفم، ثم قم بقلي القطع بزيت القلي حتى تصبح هشة، ومن ثم تركها لتبرد.
4. قم بتتبيل قطع السمك المقلية بصلصة التتبيلة، ومن ثم قم برش حبات من السمسم فوقها.

وجبة جابان كوديونغو جيم

(طبق سمك الإسْقُمري المطهي على البخار)

المكونات والمقادير

سمك الإسقمري المملح 400 غم، قرون صغيرة من الفلفل الأخضر الحارة 30 غم، بصل أخضر 35 غم، قليل من حبات السمسم الأسود و قرون من الفلفل الأحمر المقطعة، لتر من ماء الأرز.

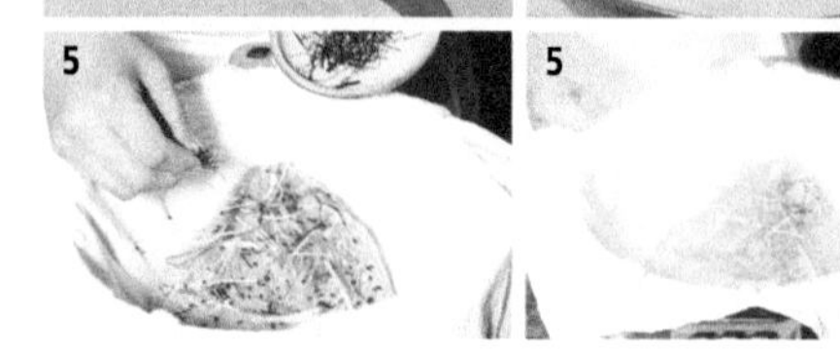

طريقة الإعداد

1. تقطيع قرون الفلفل الأخضر الحار لقطع، ثم قم بإزالة بذورها الداخلية، ومن ثم قم بتقطيعها لشرائح رقيقة بحجم (3×0.1×0.1 سم).
2. قم باختيار الجزء الأبيض من سيقان البصل الأخضر فقط، ومن ثم قم بتقطيعها لقطع صغيرة بحجم (3×0.1×0.1 سم).
3. إزالة أذناب وأشواك أسماك الإسقمري المملحة، ومن ثم قم بنقعها بماء الأرز وذلك لإزالة طعم الملوحة منها.
4. وضع قطعة قماش قطنية على قدر طهي البخار، ثم ضع فوقها سمك الإسقمري المنقوع ثم أضف عليها كل من قطع الفلفل الأخضر وقطع البصل الأخضر وشرائح الفلفل الأحمر وحبات السمسم الأسود ومن ثم قم بطهيها على البخار لمدة 10 دقائق.

ملاحظات

ترجع جذورهذه الوجبة التقليدية لإقليم أندونغ حيث كان يتلذذ سكان ذلك الإقليم بوجبة سمك الإسقمري المملح، وفي قديم الزمان كان صيادو أسماك الإسقمري المصطادة في الجهة البحرية الشرقية يقومون بتمليح الأسماك، وذلك لحفظها من الفساد خلال عملية نقلها إلى هذا الإقليم الذي يقع في المناطق الوسطى في المحافظة، وأصبحت هذه الوجبة من هذا النوع من لأسماك المملحة وجبة خاصة يمتاز بها هذا الإقليم، وذلك لمذاقها وطعمها الشهي، وعادة ما تقدم مع هذه الوجبة أطباق جانبية كالخس وأوراق نبات الزُّبد وأعشاب الكِلب البحرية ومعجون صلصة الصويا.

وجبة يوكواك
(طبق المحار وقواقعه المحشية بالخضار)

المكونات والمقادير

ثلاث قطع من البطلينوس، أعشاب الورت 30 غم، أوراق نبات السمسم 10 غم، ماء 100 ملل، ملعقة كبيرة من معجون الفاصوليا، ملعقة كبيرة من معجون الفلفل الأحمر الحار، ملعقة كبيرة من البصل الأخضر المقطع، نصف ملعقة كبيرة من الثوم المسحون، ملعقة كبيرة من السمسم المطحون، ملعقة كبيرة من زيت السمسم، ملعقة كبيرة من الطحين.

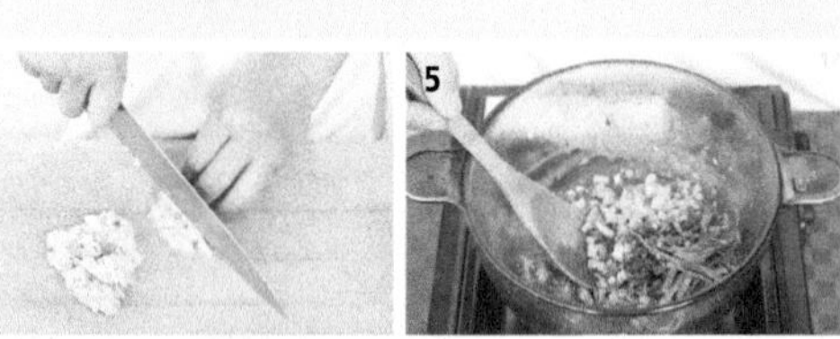

طريقة الإعداد

1. سلق البطلينوس لفترة وجيزة، ومن ثم تنظيفه من الخارج والداخل بإزالة أحشاءه وقوقعته، بعدها قم بغسله بالماء بشكل جيد، ثم قم بتصفية الماء الزائد منه، ومن ثم قم بفرمه بشكل جيد.
2. غلي قواقع البطلينوس بالماء، ومن ثم تصفيتها من الماء.
3. تقطيع أوراق السمسم لقطع مناسبة، ومن ثم قم بتقطيع البقدونس المغسول لقطع بحجم (0.3 سم).
4. قلي لحم البطلينوس المفروم بقدر به زيت، ومن ثم قم بإضافة الكميات المذكورة أعلاه لكل من معجون الفاصوليا ومعجون الفلفل الأحمر الحار والبصل الأخضر المقطع والثوم المسحون، وبعدها الاستمرار بعملية طهي المحتويات.
5. لإعداد حشوة قواقع البطلينوس، قم بخلط كل من الكميات المذكورة أعلاه من البقدونس المفروم وأوراق السمسم المقطعة والماء، ومن ثم قم بتحميصها على النار قليلاً، ومن ثم أضف إليها السمسم المسحون وقم بخلطها معاً بشكل جيد.
6. وضع القليل من زيت السمسم داخل قواقع البطلينوس المغلية المعدة بالخطوة الثانية، ومن ثم قم بحشوها بالحشوة المعدة بالخطوة الخامسة.

ملاحظات

يشتهرهذا النوع من الأطباق الكورية التي تعد من معجون صلصة الصويا والقواقع المحشية بالخضار المحمصة في محافظة كيونغ سانغ بوك دو، وهناك طرق مختلفة لإعداد هذه الوجبة ويعود ذلك حسب المنطقة، ففي محافظة كيونغ سانغ نام دو يتم إعداد هذه الوجبة بطريقة مختلفة حيث يتم شوي القواقع المحشية على النار بدلا من قليها بالزيت.

كعكة كام كيونغ دان
(طبق كرات كعك معدة من الأرز وثمار البرسيمون)

المكونات والمقادير

مسحوق الأرز اللزج 550 غم، مسحوق أشطاء نبات فول 115 غم، ثمرتان من ثمارالبرسيمون الطرية، زنجبيل 50 غم، ملعقة صغيرة ونصف من الملح، قليل من مسحوق القرفة، ماء 300 ملل.

طريقة الإعداد

1. تقطيع جذور الزنجبيل لشرائح رقيقة ثم وضعها بقدر، ومن ثم أضف عليها نصف كوب من الماء، بعد ذلك قم بغليها لدرجة الغليان ، وذلك من أجل الحصول على عصارة الزنجبيل.
2. عمل عدد من الأثلام على سطح ثمار البرسيمون الطرية ، ثم قم بتقشيرها ، بعد ذلك قم بوضعها بقدر ثم أضف إليها 100 ملل من الماء، ومن ثم قم بغليها لدرجة الغليان، وبعد الانتهاء من عملية غليها قم بتصفية الماء الزائد عن الثمار المغلية وذلك من أجل الحصول على عصارة ثمار البرسيمون.
3. لإعداد عجينة الكعك قم بخلط الكميات المذكورة أعلاه لكل من مسحوق الأرز اللزج وملعقة صغيرة من الملح وملعقتين كبيرتين من عصارة الزنجبيل المعد بالخطوة الأولى وخمس ملاعق من عصارة ثمار البرسيمون المعدة بالخطوة الثانية ومسحوق القرفة، ثم قم بخلط المحتويات معاً بشكل جيد، وبعد إتمام عملية الخلط قم بإضافة ماء ساخن على الخليط ، ومن ثم قم بعجنه.
4. تقطيع العجينة المعدة أعلاه لعدة كريات صغيرة بحجم حبات الكستناء تقريباً.
5. ضع كمية من الماء بقدر وأضف إليه نصف ملعقة صغيرة من الملح، ثم قم بغليه لدرجة الغليان، وعند بدء عملية غليانه قم بوضع كريات العجينة المعدة بالخطوة الرابعة بالقدر، ضعها كرة كرة، مع الاستمرار بعملية الغلي، وعند بدء طفوها على سطح الماء قم بإزالتها من القدر، ثم غسلها بماء بارد، ومن ثم قم بوضعها في صينية.
6. إضافة مسحوق الفول فوق كرات الكعك المعدة أعلاه.

كعكة هونغسي توك

(سانغجو سولكي، كام سولكي، طبق كعكة الأرز بثمار البرسيمون الطرية)

المكونات والمقادير

كليو من مسحوق الأرز اللزج، ثلاثة ثمرات من ثمار البرسيمون الطرية، جرز ٧٥ غم، سكر 150 غم، شراب الدكستروز 75 غم، ملعقة كبيرة من الملح، ماء 100 ملل.

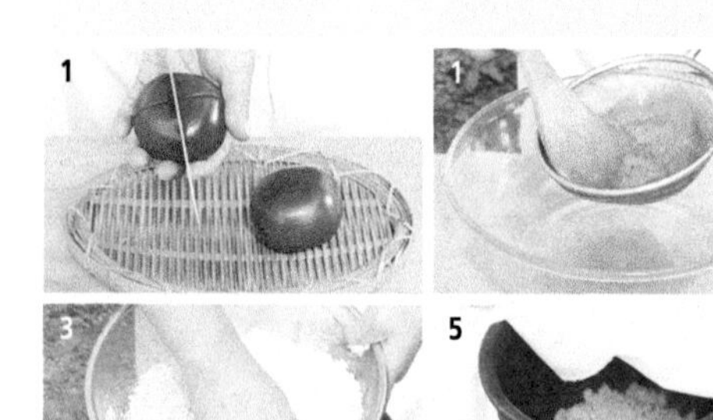

طريقة الإعداد

1. عمل عدة أثلام على سطح ثمار البرسيمون الطرية ثم تقشيرها ، ومن ثم قم بوضعها بقدر به ماء وغليها لدرجة الغليان، وبعد الانتهاء من عملية الغلي قم بتصفية الماء عنها.
2. تقطيع الجزر على عدة أشكال جميلة تحبها (أشكال زهور إلخ)، ومن ثم قم بنقعها بشراب الدكستروز لمدة ساعة تقريباً.
3. خلط الكميات المذكورة أعلاه من مسحوق الأرز اللزج وثمار البرسيمون المغلية والملح وخلطها معاً بشكل جيد، ثم قم بتنخيل الخليط ومن ثم أضف إليه السكر.
4. ضع قطعة قماش قطنية على قدر بخار، ومن ثم قم بوضع الخليط المعد بالخطوة الثالثة على قطعة القماش، ثم قم بعملية طهي الخليط على البخار.
5. وعند بدء تصاعد البخار، قم بتغطية الخليط بقطعة أخرى من القماش، ومن ثم الاستمرار بعملية الطهي على البخار لمدة 15 دقيقة أخرى.
6. بعد إتمام عملية الطهي على البخار، قم بتقطيع الكعكة لقطع بحجم لقمة الفم، ثم قم بوضعها بطبق مع إضافة قطع الجزر المنقوعة بشراب الدكستروز فوقها، وذلك لتزينها بها ولإعطائها منظراً جذاباً.

حلويات ديتشو جينجزو

(طبق حلويات ثمار العناب المطهية على البخار)

المكونات والمقادير

ثمار العناب 140 غم، ملعقتان كبيرتان من نبيذ الأرز المكرر، ملعقتين صغيرتين من السكر، ملعقتان كبيرتان من حبوب السمسم.

مكونات شراب التحلية ومقاديرها ؛ سكر 75 غم، ماء 100 ملل، ملعقتان كبيرتان من العسل.

طريقة الإعداد

1. غسل ثمار العناب ثم خلطها بالكميات المذكورة أعلاه من نبيذ الأرز والسكر ، ومن ثم قم بوضع الخليط في مكان دافىء لمدة 6 ساعات وذلك حتى يصبح ليناً، بعدها قم بطهي الخليط على البخار.
2. لإعداد شراب التحلية، قم بخلط كمية الماء والسكرالمذكورة أعلاه، ثم قم بغلي الخليط حتى تتبخر نصف كمية الماء بالقدر، وبعدها أضف إليه كمية العسل المذكورة أعلاه.
3. قم بغمس ثمار العناب المعدة بالخطوة الأولى بشراب التحلية، وبعد الانتهاء من عملية غمسها بالشراب قم بغمس الثمار بحبوب السمسم.

ملاحظات

هذا أحد أنواع الحلويات الكورية المغمسة بشراب التحلية الذي يتم إعداده عن طريق غلي السكر وشراب الحبوب معاً.

حلويات سيوب سان سام
(طبق حلويات الدودوك المقلية)

المكونات والمقادير

جذور نبات الدودوك 200 غم، مسحوق الأرز اللزج 50 غم، ماء 200 ملل، ملعقتان كبيرتان من العسل، ملعقة صغيرة من الملح، زيت قلي.

طريقة الإعداد

1. تقشير جذور نبات الدودوك، ثم قم بسحنها بمضرب، ومن ثم قم بنقعها بماء مالح، بعد إتمام عملية النقع قم بتصفية الماء منها.
2. تغطية جذور الدودوك المنقوعة بطبقة من مسحوق الأرز اللزج.
3. قلي الجذور المغطاة بمسحوق الأرز المعدة بالخطوة الثانية بمقلاة بها زيت على درجة حرارة 160 درجة مئوية.
4. تقدم الجذور المقلية عادة مع طبق جانبي من العسل.

ملاحظات

بالإمكان رش الجذور المقلية بالسكر وذلك لإعطائها مذاقا لذيذا وشهيا.

شراب سوك كامجو
(شراب حلو المذاق معد من الأرز)

المكونات والمقادير

أرز غير لزج **1.6** كغم، أربعة أكواب من السكر.

مكونات ماء الملت ومقاديرها مسحوق الملت **1** كغم، ماء **8** – **10** ليترات.

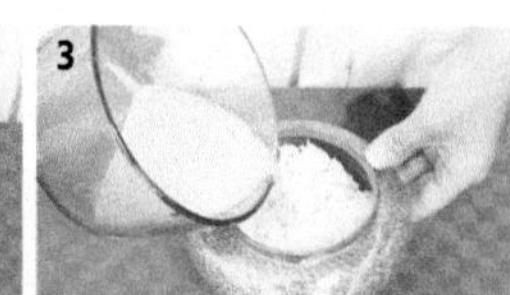

طريقة الإعداد

1. غسل الأرز بالماء بشكل جيد ثم نقعه بالماء لمدة ثلاثين دقيقة، ومن ثم قم بغليه بالماء.

2. لإعداد ماء الملت، قم بنقع الملت بالماء لمدة ثلاثين دقيقة، ومن ثم قم بتصفية الماء منه وحفظه وذلك من أجل الحصول على ماء ملت صاف.

3. إضافة ماء الملت المعد أعلاه الى الأرز المغلي المعد بالخطوة الأولى، ثم خلطه بشكل جيد، وبعد إتمام عملية الخلط قم بترك الخليط لمدة **6** ساعات على درجة حرارة **60** درجة مئوية وذلك لتخمره.

4. عند بدء طفو حبيبات الأرز على السطح، قم بإزالة الفقاعات الرغوية المتكونة على السطح، ثم قم بإضافة كمية السكر المذكورة أعلاه، ومن ثم قم بغلي الخليط على نار هادئة، وبعد إتمام عملية الغلي دعه لفترة وجيزة حتى يبرد.

ملاحظات

يشتهر مثل هذا النوع من الشراب الحلو المذاق في إقليم سونسان، ومن خصائصه أنه يعتبر كمقبلات فاتحة للشهية، وعند إعداد شراب سوك كامجو عليك مراعاة أهمية طفو حبات الأرز على السطح، فإنه من الضروري رفع حبات الأرز الطافية على سطح المحلول ثم غمسها بماء بادر قبل إضافة مادة السكر، وبعدها بإمكانك إضافتها الى شراب سوك كامجو.

[محافظة كيونغ سانغ نام دو]

تمتاز هذه المحافظة بأطعمتها ذات القيمة الغذائية العالية والمتزنة والمعدة ببساطة والمحتوية على العديد من المنتجات الزراعية والبحرية الطازجة. ومن أهم أطعمة هذه المحافظة الأطباق البحرية مثل السمك النيء، والأسماك المقلية والمطهية على البخار، والأسماك المملحة، وحساء الأسماك المتنوعة. كما أن المحافظة تشتهر بطبق كال كوك سو (حساء المعكرونة) المعد بأسماك الأنشوفة والقواقع البحرية.

وتؤكل في السهول الوسطى في هذه المحافظة خضار ربيعية برية متعددة مثل الأفسنتين والسرخس وكيس الراعي، وخضار صيفية متنوعة كالخيار، اليقطين، الباذنجان، الفلفل والطماطم الخضار المجففة في الشتاء. وعادة ما تستخدم الأملاح في حفظ الأطعمة من الفساد المناطق الساحلية من هذه المحافظة ويعود ذلك لطقسها المتصف بالحرارة العالية لذلك يطغى طعم الملوحة على أطباق المحافظة، وتعد السواحل الجنوبية لهذه المحافظة من أكبر المناطق المنتجة لأسماك الأنشوفة المجففة والمملحة والتي غالباً ما تستخدم بإعداد الكمشي علاوة على استخدام مثل هذا النوع من الأسماك بإعداد الكثير من الأطعمة المختلفة، وتشتهر هذه المحافظة بأطباق سلطة الخضار المتنوعة وتمتاز أيضاً بطبق سانجوك (طبق كباب كوري) الذي عادة ما يقدم في المناسبات الكبيرة والذي يتم إعداده من منتجات بحرية (مثل بلح البحر، قواقع بحرية، سمك القرش، الأخطبوط، أذن البحر إلخ) ، كذلك يتم إعداد أطباق متنوعة بالمنتجات الزراعية المختلفة كأطباق البطاطا واليقطين المسلوق وطبق الحنطة السوداء وطبق دوتوريموك وأطباق الكعك المتنوعة المعدة من القمح أو الأرز.

وجبة جينجو بيبيمباب
(طبق البيبيمباب على طريقة مدينة جينجو)

المكونات والمقادير

أرز 360 غم، ماء 470 ملل، براعم الفول 130غم، براعم الفول العادي 130غم، أوراق نبات السرخس 100 غم، كوسا 100 غم، زهرة الجريس 100 غم، رؤوس نبات السرخس 100 غم، لحم بقر 200 غم، معجون نبات الفول الأصفر 100 غم، أعشاب اللافر المجففة 10 غم، فجل 100 غم، جوز صنوبر 10 غم، ملعقتان كبيرتان من معجون الفلفل الأحمر الحار مع عسل الملت (أشطاء نبات الشعير النامية بالماء)، ملعقتان كبيرتان من صلصة الصويا المخففة، نصف ملعقة كبيرة من السمسم المطحون، نصف ملعقة كبيرة من زيت السمسم.

مكونات تتبيلة شرائح لحم البقر ومقاديرها ملعقتان كبيرتان من زيت السمسم ، ملعقة كبيرة من السكر، نصف ملعقة كبيرة من الثوم المسحون، ملعقة كبيرة من البصل الأخضر المقطع، ملعقتان صغيرتان من السمسم المطحون، قليل من الملح والفلفل الأسود.

مكونات الحساء ومقاديرها بطلينوس 130 غم، صلصة الصويا المخففة، ماء 100 ملل.

طريقة الإعداد

1. نقع الأرز بالماء لمدة ثلاثين دقيقة، وبعد الانتهاء من عملية النقع قم بطهيه لدرجة الغليان.
2. تقطيع لحم البقر لشرائح رقيقة، ومن ثم قم بتتبيلها بتتبيلة لحم البقر المذكورة أعلاه.
3. قطع الأجزاء السفلية والعلوية من براعم الفول، ومن ثم قم بقطع الأجزاء السفلية فقط من براعم الفول العادي، ثم قم بسلقها معاً بالماء حتى درجة الغليان.
4. سلق السبانخ والسرخس كل على حده بالماء.
5. تقطيع كل من الكميات المذكورة أعلاه من الكوسا والفجل وزهرة الجريس لقطع رقيقة بحجم (5×0.2×0.2 سم)، ومن ثم قم بسلق القطع بالماء لدرجة الغليان.
6. تفسيخ أعشاب اللافر المجففة باليد، ثم قم بتقطيع معجون الفول الأصفر لقطع سميكة بسماكة (5×0.5×0.5 سم).
7. إضافة الكميات المذكورة أعلاه من صلصة الصويا المخففة والسمسم المطحون وزيت السمسم للمكونات المعدة بالخطوة الثالثة والرابعة والخامسة والسادسة، كل على حده، ثم خلطها بشكل جيد.
8. لإعداد حساء البطلينوس قم بغسل البطلينوس بشكل جيد، ثم قم بطهيه بالماء لدرجة الغليان، وبعد إتمام عملية الطهي قم بإضافة صلصة الصويا المخففة إليه.
9. وضع الأرز المطهي بطبق، ومن ثم قم برش قليل من الحساء المعد بالخطوة الثامنة عليه، ثم قم بوضع قطع لحم البقر المتبلة فوقه، ثم قم بوضع الأطباق المعدة بالخطوة السابعة بداخل الطبق، وبذلك تصبح وجبة البيبيمباب جاهزة.
10. رش على سطح طبق البيبيمباب حبات من الصنوبر، ومن ثم تقديمه مع طبق من حساء البطلينوس وطبق من معجون الفلفل الأحمر الحار مع عسل الملت كأطباق جانبية.

وجبة تشونغ مو كيمباب

(موتشي كيمباب ، طبق ملفوف بأوراق أعشاب اللافر البحرية)

المكونات والمقادير

أرز 360 غم، أوراق أعشاب اللافر المجففة (طحالب بحرية) 8 غم، حبّار 200 غم، فجل 150 غم، ماء 470 ملل، قليل من الملح.

مكونات تتبيلة الحبّار ومقاديرها ملعقتان كبيرتان من مسحوق الفلفل الأحمر الحار، ملعقتان كبيرتان من صلصة الصويا، ملعقة صغيرة من الثوم المسحون، ملعقة صغيرة من البصل الأخضر المقطع، نصف ملعقة صغيرة من السمسم المطحون، نصف ملعقة صغيرة من الملح، نصف ملعقة صغيرة من السكر، ملعقة صغيرة من زيت السمسم، قليل من الفلفل الأسود.

مكونات تتبيلة الفجل ومقاديرها ملعقة كبيرة من الربيان المملح، ملعقتان كبيرتان ونصف من مسحوق الفلفل الأحمر الحار، ملعقة صغيرة من الثوم المسحون، ملعقة صغيرة من البصل الأخضر المقطع.

طريقة الإعداد

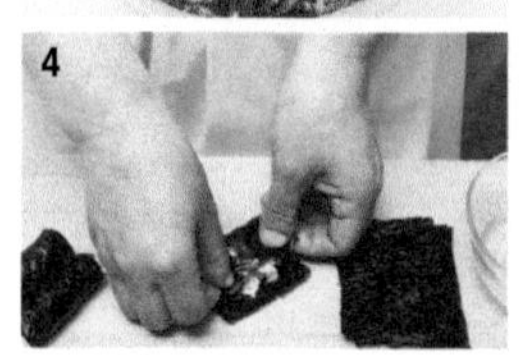

1. غسل الأرز بالماء بشكل جيد، ومن ثم نقعه بالماء لمدة ثلاثين دقيقة.
2. سلخ الطبقة الخارجية للحبار، ثم قم بطهيه بالماء لدرجة الغليان، وبعد إتمام عملية طهيه قم بتقطيعه لقطع بطول 4×2 سم، وبعدها قم بتتبيل القطع بتتبيلة الحبار المذكورة أعلاه.
3. تقطيع الفجل لقطع بشكل مائل، ثم تمليحها بقليل من الملح، ومن ثم قم بغسلها بالماء وتصفية الماء الزائد منها، وبعدها قم بتتبيل قطع الفجل بتتبيلة الفجل المذكورة أعلاه.
4. تقطيع أوراق أعشاب اللافر المجففة الى ست قطع، ثم قم بوضع كمية مناسبة من الأرز المطهي بداخل منتصف كل ورقة لافر، ومن ثم قم بلفها على شكل ملفوف أرز، ثم قم بتقديم الوجبة مع طبق من الحبارالمعد بالخطوة الثانية ومع طبق من الفجل المتبل المعد بالخطوة الثالثة وذلك كأطباق جانبية.

ملاحظات

في قديم الزمان كانت النساء يقمن ببيع وجبة الكيمباب والحبار ومخلل الفجل بأواني خشبية كبائعات متنقلات، وكانت هذه الأطعمة تتنقل ما بين مدينة تونغ يونغ ومدينة بوسان، وكانت تدعى هذه الوجبة في ذلك الوقت بإسم « تشونغ مو كيمباب »، والتي تعني ملفوف أعشاب اللافر المجففة، وتدعى هذه الوجبة باسم آخر وهو هالمي (الجدة) كيمباب، وفي الماضي كانت تعد هذه الوجبة من الأخطبوط ذو الأقدام الكفية وفي وقتنا الحالي تعد من الحبار بدلاً منه.

وجبة ماجوك
(طبق عصيدة معد من اليام)

المكونات والمقادير

أرز 300 غم، بطاطا اليام 250 غم، ماء 1.6 ليتر، ملعقة صغيرة من الملح، قليل من العسل.

طريقة الإعداد

1. نقع الأرز بالماء حتى يصبح ليناً، بعد إتمام عملية نقعه قم بتصفية الماء منه ثم أضف قليلا من الماء عليه، ومن ثم قم بطحنه حتى الحصول على طحين أرز.
2. تقشير حبات بطاطا اليام، ومن ثم قم بهرسها.
3. طهي الأرز المطحون بالماء لدرجة الغليان، وبعد الانتهاء من عملية طهيه، قم بإضافة حبات البطاطا المهروسة إليه ومن ثم الاستمرار بعملية الطهي لفترة قصيرة، وبعدها أضف إليه كمية الملح المذكورة أعلاه
4. تقدم هذه الوجبة عادة مع طبق جانبي من العسل.

ملاحظات

بالإمكان إعداد هذا النوع من العصيدة أيضاً من البطاطا الحلوة المهروسة مع نشا الفول ونشا البطاطا. وبإمكانك أيضاً إعدادها بخلط البطاطا الحلوة المسلوقة مع الأرز المنقوع مباشرة.

وجبة جين جو نينغ ميون

(طبق معكرونة الحنطة السوداء البارد المعد بطريقة مدينة جين جو)

المكونات والمقادير

معكرونة معدة من الحنطة السوداء (طازجة) 600 غم، كمشي الفجل 150 غم، لحم بقر (أو خنزير) 150 غم، بيض 50 غم، آجاص 120 غم، قليل من شرائح الفلفل الأحمر الحار، قليل من الصنوبر، زيت قلي، حساء (حساء مكوناته بحرية وطريقة إعداده موضحة فيما بعد) 1.2 ليتر.

مكونات تتبيلة لحم البقر ومقاديرها نصف ملعقة كبيرة من صلصة الصويا، ملعقتان كبيرتان من البصل الأخضر المقطع، ملعقة صغيرة من الثوم المسحون، قليل من زيت السمسم، قليل من السكر، قليل من الفلفل الأسود.

مكونات صلصة النشا ومقاديرها ملعقة صغيرة من النشا، نصف ملعقة كبيرة من الماء.

مكونات الحساء ومقاديرها رأس سمكة البلوق المجفف، ربيان مجفف، بلح البحر المجفف، ماء.

طريقة الإعداد

1. وضع كل مكونات الحساء المذكورة أعلاه بقدر به ماء ، ثم قم بطهيها معاً حتى درجة الغليان.
2. تقطيع لحم البقر لقطع رقيقة ثم تتبيلها بتتبيلة لحم البقر المذكورة أعلاه، ثم قم بفقص البيض بطبق وخلطه بشكل جيد، ومن ثم قم بغمس قطع لحم البقر المتبلة به، بعد غمسها بالبيض قم بقليها بمقلاة بها زيت، وبعد إتمام عملية قلي قطع اللحم قم بتقطيعها لقطع بعرض 1 سم.
3. نفض كمشي الفجل قليلاً وذلك لإزالة الماء منه، ومن ثم قم بتحضير حبات الآجاص بتقشيرها ثم قم بتقطيعها لقطع صغيرة بسماكة 0.5 سم.
4. خلط ما تبقى من البيض بصلصة النشا وخلطها معاً بشكل جيد، ثم قم بقلي الخليط بالزيت على شكل طبقة رقيقة من العجة، وبعدها قم بتقطيع الخليط المقلي لشرائح رقيقة بحجم (5×0.2×0.2 سم).
5. تقطيع قرون الفلفل الأحمر الحارة لقطع بحجم 3 – 4 سم.
6. غلي معكرونة الحنطة السوداء بالماء، وبعد إتمام عملية غليها قم بغمسها بماء بارد ومن ثم غسلها عدة مرات بالماء، ثم قم بلفها معاً وضعها بداخل طبق.
7. ضع فوق طبق المعكرونة كل من قطع لحم البقر المقلية وقطع كمشي الفجل وقطع ثمارالآجاص وقطع البيض المقلية مع النشا وقطع الفلفل الأحمر الحار وحبات الصنوبر، ومن ثم قم بسكب الحساء المعد بالخطوة الأولى فوقها.

ملاحظات

تشتهر مثل هذه الوجبة في المناطق المجاورة لجبل جيري، حيث تعد هذه المناطق من أكبر المناطق المنتجة للحنطة السوداء وذلك لوقوعها على هضاب جاعلة منها مناخاً ملائماً لزراعة الحنطة السوداء.

وهناك العديد من الأسماء المطلقة على مثل هذه الوجبة ويرجع ذلك حسب المنطقة، فعلى سبيل المثال هناك وجبة جين جو نينغ ميون التي ترجع تسميتها لمدينة جين جو الواقعة في كوريا الجنوبية، وهناك بيونغ يانغ نينغ ميون التي ترجع تسميتها لمدينة بيونغ يانغ الواقعة في كوريا الشمالية.

وجبة زيتشوب كوك
(طبق شروبة بنطليوس)

المكونات والمقادير

بنطليوس 800 غم، نبات الكُرّاث 20 غم، ماء 1.6 ليتر، ملعقة صغيرة ونصف من الملح.

طريقة الإعداد

1. نقع بنطليوس بماء مالح (مستخدما نصف ملعقة صغيرة من الملح)، وذلك لإزالة أية ترسبات عالقة على بنطليوس.
2. تقطيع نبات الكراث لقطع بحجم 0.5 سم.
3. وضع بنطليوس بقدربه ماء ومن ثم طهيها، وعند بدء عملية الغليان قم بإزالة القواقع عن بنطليوس، ومن ثم قم بتمليح بنطليوس الموجود بالقدر وذلك عن طريق إضافة ملعقة صغيرة من الملح، وقبل إطفاء الغاز تحت القدر بقليل قم بإضافة قطع نبات الكراث إليها.

ملاحظات

يدعى هذا النوع من بنطليوس في كوريا باسم محار الكانغ والتي تعني محار الأنهار. بإمكانك أيضاً إعداد الوجبة بإضافة مسحوق الفلفل الأحمر الحار أو معجون الصويا.

وجبة بوسان جابشي
(طبق المعكرونة مع البطاطا المقلية والخضار)

المكونات والمقادير

نصف أخطبوط، بلح البحر 110 غم، أذن البحر 85 غم، بطلينوس 50 غم، بصل 80 غم، فلفل أخضر حار ينع 30 غم، معكرونة شفافة 50 غم، ملعقة صغيرة من زيت القلي.

مكونات تتبيلة المعكرونة الشفافة ومقاديرها ملعقة كبيرة من صلصة الصويا، نصف ملعقة صغيرة من السكر، قليل من زيت السمسم.

مكونات تتبيلة جابشي ومقاديرها ملعقة كبيرة من صلصة الصويا ، ملعقة كبيرة من السمسم المطحون، ملعقة صغيرة من زيت السمسم، ملعقة صغيرة من السكر، قليل من الفلفل الأسود.

طريقة الإعداد

1. سلق الأخطبوط بقدر به ماء، وبعد إتمام عملية سلقه قم بتقطيعه بشكل مائل لقطع مناسبة.
2. تقليم أطراف كل من بلح البحر وأذن البحر والبطلينوس، ومن ثم قم بطهيها بشكل منفصل، وبعد إتمام عملية الطهي قم بتقطيعها جميعها بشكل مائل لقطع صغيرة.
3. تقطيع البصل لقطع بسمك 0.3 سم، ثم قم بتحضير قرون الفلفل الأخضر الحار بتقطيعها أولاً إلى قطعتين ثم قم بإزالة بذورها الداخلية، ومن ثم قم بتقطيعها لقطع صغيرة بحجم قطع البصل.
4. نقع المعكرونة بالماء حتى تصبح لينة، وبعد إتمام عملية نقعها قم بغليها بالماء، وبعد غليها قم بتقطيعها لقطع مناسبة الحجم، وبعد تقطيعها قم بتتبيلها بتتبيلة المعكرونة، ومن ثم قم بقليها بالزيت مع مراعاة تحريكها أثناء عملية القلي.
5. قلي قطع الفلفل الأخضر الحار وقطع البصل بزيت السمسم مع مراعاة تحريكها أثناء عملية القلي.
6. خلط المكونات المعدة أعلاه من المعكرونة والأخطبوط وبلح البحر وأذن البحر والبطلينوس وقطع البصل والفلفل الأخضر الحار معاً، ومن ثم قم بتتبيلها جميعاً بتتبيلة الجابشي.

وجبة أونيانغ بلكوكي
(طبق البلكوكي المعد بطريقة مدينة أونيانغ)

المكونات والمقادير

لحم بقر 600 غم، آجاص 90 غم، قليل من حبات السمسم.

مكونات التتبيلة ومقاديرها ملعقة كبيرة ونصف من صلصة الصويا المخففة ، ملعقة كبيرة ونصف من السكر، ملعقتان كبيرتان من البصل الأخضر المقطع، ملعقة كبيرة من الثوم المسحون، ملعقة كبيرة من العسل، ملعقة صغيرة من شراب النشا، ملعقة صغيرة من زيت السمسم، قليل من الفلفل الأسود.

طريقة الإعداد

1. تقطيع لحم البقر لقطع سميكة بحجم 3×5 سم.
2. تقشير حبات الآجاص ثم إزالة بذورها الداخلية، ومن ثم قم بهرسها حتى تحصل على عصارة ثمار الآجاص، بعد الحصول على العصارة، قم بنقع قطع لحم البقر بعصارتها لمدة ثلاثين دقيقة.
3. بعد الانتهاء من عملية النقع، أضف التتبيلة الى قطع اللحم، ومن ثم قم بخلطها معاً بشكل جيد.
4. قم بوضع ورقة هانجي المبللة (أوراق كورية تقليدية) على شبكة الشواية المسخنة مسبقاً، ومن ثم قم بوضع قطع لحم البقر المتبلة فوقها، ومن ثم قم بعملية شوي اللحم ، مع مراعاة رش الماء بين الحين والحين على ورقة الشوي أثناء عملية الشوي.
5. وضع قطعة مبللة أخرى من ورق الشوي فوق الطبقة العلوية من اللحم، ثم قم بقلبها على الجهة الأخرى، ومن ثم قم بعملية الشوي مرة أخرى، وبعد الانتهاء من عملية شوي كلا الجانبين، قم برش حبات السمسم فوق اللحم المشوي، ومن ثم قم بوضع بطبق وتقديمه.

وجبة ميناري جون
(طبق أعشاب الورت المقلية)

المكونات والمقادير

أعشاب الورت 200 غم، بيض 100 غم، لحم بقر مقطع 70 غم، مسحوق الأرز 75 غم، طحين 55 غم (ما يعادل نصف كوب)، قرون فلفل خضراء حارة ويانعة 30 غم، فلفل أحمر حار 30 غم، ملعقة صغيرة من الملح، ماء 100 ملل ، قليل من زيت القلي.

مكونات تتبيلة لحم البقر ومقاديرها نصف ملعقة كبيرة من البصل الأخضر المقطع، ملعقة صغيرة من الثوم المسحون، ملعقة صغيرة من الملح، قليل من السمسم المطحون، قليل من الفلفل الأسود، قليل من زيت السمسم.

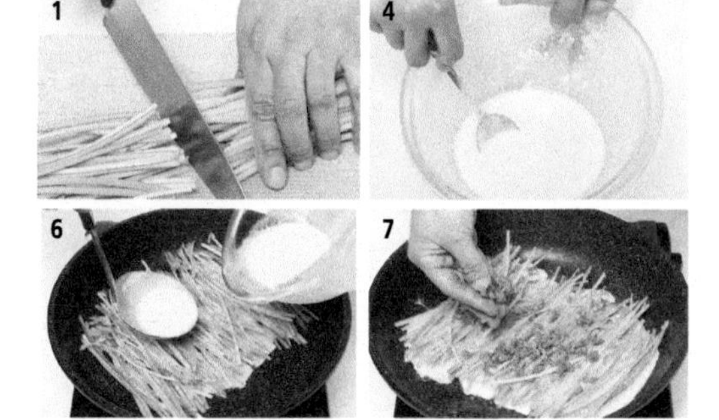

طريقة الإعداد

1. تقطيع أعشاب الورت لقطع بطول 20 سم.
2. تقطيع الفلفل الأخضرالحار والفلفل الأحمر الحار لقطع بشكل مائل بحجم 0.2 سم.
3. فقص كميات البيض المذكورة أعلاه بالماء وخلطها بالماء جيداً.
4. خلط كميات الطحين ومسحوق الأرز المذكورة أعلاه ثم تنخيلها، ثم قم بتمليح الخليط بالملح، ومن ثم قم بخلطه بخليط البيض والماء المعد بالخطوة الثانية.
5. تتبيل قطع لحم البقر بتتبيلة لحم البقر ، ومن ثم قم بقليها بالزيت لفترة وجيزة (نصف قلي).
6. وضع زيت بمقلاة ثم ضع بها قطع أعشاب الورت، ومن ثم قم بسكب خليط الطحين والبيض المعد بالخطوة الرابعة فوقها.
7. ضع فوق أعشاب الورت المعدة بالخطوة السادسة كل من قطع لحم البقر المتبلة والنصف مقلية وقطع الفلفل الأحمر والأخضر، ثم قم بخلطها معاً بشكل جيد، ومن ثم قم بقلي كل المحتويات معاً.

ملاحظات

خذ الحذر ومراعاة عدم احتراق الخضار أثناء عملية الطهي، ومن المفضل طهي (نصف طهي) أعشاب الورت واللحم أولاً ثم خلطها بالخضار ومن ثم طهيها معاً.

حلويات دوراجي جونغ كوا

(طبق حلويات زهرة الجريس)

المكونات والمقادير

زهرة الجريس 300 غم، سكر 180 غم، ملعقتان كبيرتان من العسل، شراب الدكستروز 40 غم، قليل من الملح، ماء 400 ملل.

مكونات عصارة بذور شجر الغردينيا ومقاديرها بذرتان من بذور الغردينيا ، ماء 140 ملل.

طريقة الإعداد

1. فرك أزهارالجريس بالملح ، ومن ثم قم بتقطيعها لقطع بطول 5 سم.
2. وضع كمية من الملح بماء مغلي، ثم قم بغلي أزهار الجريس به، وبعد إتمام عملية غليها قم بنقع الأزهار المغلية بماء بارد لمدة تتراوح مابين 20 الى 30 دقيقة، وذلك لإزالة المذاق المر منها.
3. وضع أزهار الجريس المنقوعة بقدر به ماء مضاف إليه كمية السكر المذكورة أعلاه ، ومن ثم قم بطهيها لدرجة الغليان، مع مراعاة إزلة الفقاعات الرغوية المتكونة على السطح أثناء عملية الطهي.
4. عند تبخر نصف كمية الماء بالقدر الذي به الأزهار، قم بإضافة عصارة بذور الغردينيا ثم أضف شراب الدكستروز، ثم قم بطهي جميع المحتويات على نار هادئة لغاية تبخر جميع كمية الماء تقريباً.
5. وبعد تبخر الماء قم بإضافة كمية العسل المذكورة أعلاه.

ملاحظات

يدعى مثل هذا النوع من الحلويات المستخدمة بإعدادها شراب الدكستروز بمصطلح جين جونغ كوا (أي الحلويات المائية)، بينما تدعى الحلويات المحتوية على كمية كبيرة من السكر باسم كون جونغ كوا (أي الحلويات المجففة)، وعند إعداد مثل هذا النوع من الحلويات عليك مراعاة تماثل وانتظام سماكة وعرض كل قطع الحلوى بحيث تكون جميعها متماثلة ومنتظمة في الشكل.

حلويات يون كون جونغ كوا

(طبق حلويات معدة بجذور اللوتس)

المكونات والمقادير

جذور اللوتس 300 غم، سكر180 غم، شراب الدكستروز 40 غم، ملعقتان كبيرتان من العسل، قليل من الملح، ماء 400 ملل.

مكونات عصارة ثمار السكيزاندرا ومقاديرها ثمار السكيزاندرا 100 غم، ماء 100 ملل.

مكونات ماء الخل ؛ كوب من الخل، ماء 400 ملل.

طريقة الإعداد

1. تقشير جذور اللوتس، ثم قم بتقطيعها لقطع بسماكة 0.5 سم، ومن ثم قم بنقعها بصلصة الخل.
2. بعد إتمام عملية نقع الجذو، قم بسلقها بالماء لدرجة الغليان، ومن ثم قم بنقعها بماء بارد لفترة من الزمن، وبعد نقعها قم بتصفية الماء الزائد منها.
3. وضع الجذور المسلوقة بقدر وأضف إليها الكميات المذكورة أعلاه من السكر والملح والماء، ثم قم بطهيها به حتى درجة الغليان ، مع مراعاة إزالة الرغوة المتكونة على السطح أثناء عملية الطهي.
4. عند تبخر نصف كمية الماء بالقدر الذي به الجذور أضف إليها عصارة ثمار السكيزاندرا، ومن ثم قم بطهيها على نار هادئة لفترة من الزمن.
5. إضافة شراب الدكستروز الى القدر، ومن ثم الاستمرار بعملية الطهي على نار هادئة.
6. بعد إتمام عملية طهي الجذور أضف كمية العسل المذكورة أعلاه للجذور المطهية.

حلويات مو جونغ كوا

(طبق حلويات معدة بالفجل)

المكونات والمقادير

فجل 200 غم، شراب الدكستروز 200 غم، نصف ملعقة صغيرة من الملح، ماء 200 ملل.

طريقة الإعداد

1. تقطيع الفجل لقطع على شكل نصف قمر وبسماكة 0.5 سم.
2. وضع قطع الفجل بقدر به ماء، ثم أضف إليه ملح، ومن ثم قم بطهيها به لدرجة الغليان، وبعد إتمام عملية طهيها قم بغمسها بماء بارد، ومن ثم قم بتركها لفترة حتى تبرد.
3. خلط كمية شراب الدكستروز بالماء (200 ملل)، ثم قم بغليها حتى درجة الغليان، وبعد الانتهاء من عملية الغليان قم بإضافة قطع الفجل المعدة بالخطوة الثانية للقدر، ثم قم بطهيها به على نارهادئة.

محافظة تشي جو دو

إن محافظة تشي جو دو جزيرة جميلة لكن بيئتها ليست ملائمة للزراعة، حيث جبال هالا الشاهقة والجداول المائية الشديدة الانحدار تسبب كوارث الفيضانات، ويحدث الجفاف بسهولة بسبب أرضها المغطاة بالأحجار عندما لم يمطر. كما أن هذه الجزيرة تعاني من الأعصار، وأيضا من ندرة المياه العذبة. وكانت هذه الظروف المناخية القاسية ترتبط بأطعمة هذه المحافظة. كما أن انعزالها من محافظات البلاد الأخرى أدى إلى استخدام مواد الأطعمة المنتجة فيها فقط. لذا، تختلف أطعمة تشي جو دو عن أطعمة المحافظات الأخرى إلى حد كبير. ولمراعاة شحة المواد الزراعية وللتأقلم مع الظروف المناخية فقد قامت الجزيرة عبر السنين بتطوير أنواع خاصة ومتنوعة من الأطباق المختلفة عن المحافظات الأخرى، وعادة ما تعد أطباق هذه الجزيرة بطريقة بسيطة بمذاق خاص حيث يتم استخدام كميات قليلة من البهارات والتوابل بإعداد أطعمتها، وفي قديم الزمان كانت تؤكل المنتجات البحرية والخضار الطازجة وذلك لعدم توفرالتقنية اللازمة لحفظ الأطعمة في ذلك الوقت، وهذا أصبح من ملامح ثقافة الأطعمة للجزيرة. وفي كثير من الأحيان تستهلك الأطعمة البحرية المملحة والطحالب البحرية في إعداد الأطعمة، وعادة ما تتكون الوجبات في جزيرة تشي جو من طبق من الأرز المخلوط بأنواع مختلفة من الحبوب، ومن الأطباق الرئيسية الشهيرة بالجزيرة طبق حساء دونجانغ (طبق حساء معجون فول الصويا) والعديد من أطباق الكمشي المتنوعة وأطباق بحرية مملحة عديدة وطبق دونجانغ النيء (معجون فول الصويا) وأطباق عديدة من الفجل المسلوق والخضار المسلوقة.

وجبة ميمل كوكوما بومبوك

(كامجاي بومبوك أو نونجانغي بومبوك، طبق عصيدة البطاطا الحلوة مع الحنطة السوداء)*

المكونات والمقادير

حنطة سوداء 300 غم، بطاطا حلوة 630 غم، ملعقة كبيرة من الملح، ماء.

طريقة الإعداد

1. تقشير حبات البطاطا الحلوة، ومن ثم قم بتقطيعها لقطع بسمك 3 سم.
2. وضع قطع البطاطا بقدر به ماء ثم أضف إليه ملح، ومن ثم قم بطهيها به لدرجة الغليان.
3. وعندما تصبح قطع البطاطا مطهية، قم برش طحين الحنطة السوداء فوقها مع الاستمرار بعملية الطهي حتى تُطهى جميعاً بشكل جيد، مع مراعاة تحريك المحتويات أثناء عملية الطهي.
4. عندما تُطهى الحنطة السوداء جيداً وعندما يصبح لونها شفافاً قم بإطفاء الغاز تحت القدر.

ملاحظات

طعم هذه الوجبة يعتمد على نوعية البطاطا الحلوة، فقد لوحظ عند إعداد هذه الوجبة بالبطاطا الحلوة المنتجة في جزيرة تشي جو فإن مذاقها يصبح ألذ طعماً من أنواع البطاطا الأخرى المزروعة في المناطق الأخرى في البلاد.

*تكتسب البطاطا الحلوة شهرة بين النساء في أمريكا وذلك لما لها من فعالية عالية في عملية تخفيف الوزن.

وجبة يوتشاي نامول ميوتشيم

(جيريوم نامول ميوتشيم ، طبق نبات يوتشاي المتبل)

المكونات والمقادير

نبات يوتشاي 300 غم، قليل من الملح.

*مكونات التتبيلة ومقاديرها ملعقتان كبيرتان من معجون فول الصويا، نصف ملعقة كبيرة من الثوم المسحوق، ملعقة كبيرة من زيت السمسم، نصف ملعقة كبيرة من السمسم المطحون.

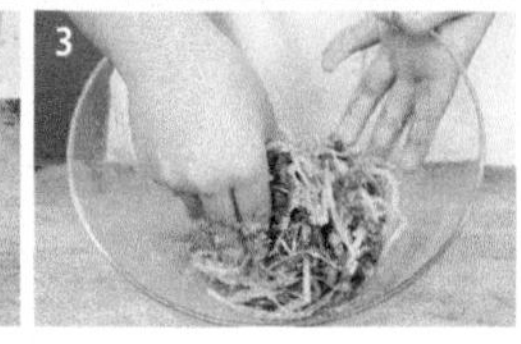

طريقة الإعداد

1. سلق يوتشاي بغليه بالماء، وبعد إتمام عملية غليه قم بغمسه بالماء، ومن ثم قم بتصفيته من الماء.
2. لإعداد التتبيلة، قم بخلط الكميات المذكورة أعلاه لكل من معجون فول الصويا والثوم المسحون وزيت السمسم والسمسم المطحون بشكل جيد.
3. إضافة التتبيلة المعدة أعلاه الى يوتشاي المسلوق، ومن ثم قم بخلطها معاً بشكل جيد.

ملاحظات

تدعى وجبة يوتشاي في مناطق كثيرة في كوريا باسم بيونغ جي، بينما تدعى باسم جيريوم في جزيرة تشي جو دو، وتعد هذه الوجبة عادة من أوراق نبات يوتشاي اليانعة عن طريق تتبيلها مع مواد أخرى، ولثمار يوتشاي فوائد أخرى حيث يتم عصر ثمارها للحصول على زيت يوتشاي، الذي يستخدم في مجالات مختلفة كإعداد الأطعمة وصناعة الأدوية وبعض الصناعات الأخرى.

وجبة أوروك كونغ جوريم

(أوروك كونغ جيجيم، طبق السمك الصخري بفول الصويا)

المكونات والمقادير

ثلاث سمكات من السمك الصخري، فول الصويا 70 غم، فلفل أخضر ينع 15 غم، فلفل أحمر حار 15 غم.

مكونات صلصة التتبيلة ومقاديرها أربع ملاعق من الماء، أربع ملاعق من صلصة الصويا، ملعقتان صغيرتان من مسحوق الفلفل الأحمر الحار، ملعقة كبيرة من السكر، ملعقة كبيرة من الثوم المسحون، زيت قلي، قليل من حبات السمسم.

طريقة الإعداد

1. غسل فول الصويا بالماء، ومن ثم قليها مع مراعاة تحريكها خلال عملية القلي.
2. تنظيف الأسماك بإزالة أحشائها، ثم غسلها بالماء، ومن ثم قم بعمل ثلمين على جسد كل سمكة.
3. تقطيع كل من الفلفل الأحمر والأخضر الحار لقطع بحجم 0.3 سم، ثم قم بتحضير صلصة التتبيلة عن طريق خلط مكوناتها المذكورة أعلاه.
4. وضع الأسماك المنظفة بقدر ثم أضف إليها كل من حبات فول الصويا المقلية وقطع الفلفل الأحمر، ومن ثم قم بسكب صلصة التتبيلة فوقها، بعدها قم بعملية طهيها جميعاً حتى تتبخر نصف كمية الماء.

ملاحظات

لهذا النوع من الأسماك الصخرية مذاقاً وطعماً مميزاً عن بقية الأنواع الأخرى من الأسماك، وتعد مثل هذه الوجبة موسمية حيث يمكنك التمتع بها في موسمي الصيف والربيع.

معجنات بينغ توك

(مونغ سوك توك، جانغكي توك، جونكي توك، طبق معجنات معدة من الأرز المحشية بالخضار)*

المكونات والمقادير

خمسة أكواب من الحنطة السوداء، ماء 1.6 ليتر، فجل 800 غم، بصل أخضر ينع 100 غم، ملعقة صغيرة من الملح، ملعقة صغيرة من السمسم المطحون، ملعقتان صغيرتان من زيت السمسم، زيت قلي.

طريقة الإعداد

1. عجن طحين الحنطة السوداء بماء فاتر ومملح.
2. تقطيع رؤوس الفجل لقطع بحجم (5×0.3×0.3 سم)، ثم قم بسلقها بالماء لدرجة الغليان، ومن ثم تصفية الماء الزائد عنها ، ثم قم بتحضير البصل الأخضر بتقطيعه لقطع بحجم 0.3 سم.
3. لإعداد الحشوة، قم بإضافة الكميات المذكورة أعلاه من زيت السمسم والملح والسمسم المطحون الى قطع الفجل المسلوقة المعدة بالخطوة الثانية ، ومن ثم قم بخلطها معاً بشكل جيد.
4. غرف بمغرفة كميات من عجين الحنطة السوداء (بقطر 20 سم)، ثم قم بوضع كل كمية بمقلاة، ومن ثم قم بقليها بالزيت.
5. بعد الانتهاء من عملية قلي قطع الحنطة (الخطوة الرابعة)، قم بوضع القطع بصينية ، ثم قم بغرف كميات من الحشوة المعدة بالخطوة الثالثة وقم بوضعها بمنتصف قطع العجينة المقلية، وبعد إتمام وضع الحشوة قم بطوي القطع من كلا الجانبين، ومن ثم قم بالضغط بأصابع اليد على أطرافها لإغلاقها.

ملاحظات

في قديم الزمان كان يُعد مثل هذا النوع من المعجنات بمناسبات مميزة وطقوس دينية خاصة، حيث كانت النساء في جزيرة تشي جو تقوم بحمل سلال من معجنات البينغ توك للمنازل، و كن هناك يقمن بإقامة شعائر وطقوس دينية أمامها. وفي بعض الأحيان يُعدّ هذا النوع من المعجنات بإعداد الحشوة من الفصوليا الحمراء بدلاً من الفجل، وكذلك تعد أحياناً بعمل قطع سميكة من عجينة الحنطة السوداء على شكل حبات القطايف، المسمات بمعجنات ماميل ماندو، التي يتم طهيها على البخار بدلاً من قليها بالزيت. يُنصح عند إعداد مسحوق الحنطة السوداء ومسحوق الملت بدقهما وطحنهما في نفس الهاون أو المدق، ينصح عدم طحن مسحوق الملت أولاً لأنه لوحظ في هذه الحالة عدم جودة نوعية المسحوق وتصبح العجينة غير متماسكة خلال عملية إعداد مثل هذا النوع من المعجنات.

---

*يعد مثل هذا النوع من الكعك طبقاً مثالياً للمناسبات والحفلات.

مشروب سيرومي تشا

(مشروب الشاي المعد من ثمار الكيروبيري - ثمرعليقي أسود الثمار)

المكونات والمقادير

ثمار الكيروبيري **2** كغم، سكر (أو عسل) **1.5** كغم، ماء.

طريقة الإعداد

1. غسل ثمار الكيروبيري بالماء، ومن ثم تصفية الماء الزائد منها.

2. وضع كميات السكر والثمار المذكورة أعلاه بمرطبان زجاجي على شكل طبقات وبشكل تعاقبي، ومن ثم تركها لتنضج لمدة شهر بداخله، وبعد شهر بإمكانك الحصول على مشروب خام من عصارة مركزة من ثمار الكبروبيري.

3. لتخفيف مثل هذا المشروب المركز قبل شربه، قم بإضافة كمية قليلة منه في كأس به ماء ساخن أو بارد ويعتمد ذلك حسب الذوق الشخصي للفرد.

ملاحظات

يُعد جبل هلا الواقع في جزيرة تشي جو الموطن الأصلي لمثل هذا النوع من شجيرات الكيروبيري البرية التي تمتاز بطعم سائغ المذاق وبلون أسود داكن أشدّ سواداً من مشروب ثمار السكيزاندرا.

한국전통향토음식(아랍어)

초판 1쇄 인쇄 2020년 6월 15일
초판 1쇄 발행 2020년 6월 25일
지은이 국립농업과학원
펴낸이 이범만
발행처 **21세기사**
등록 제406-00015호
주소 경기도 파주시 산남로 72-16 (10882)
전화 031)942-7861 **팩스** 031)942-7864
홈페이지 www.21cbook.co.kr
e-mail 21cbook@naver.com
ISBN 978-89-8468-877-3

정가 20,000원